城乡规划
设计基础

主　编　韩秀茹　李娟宜

副主编　赵　砺　赵发兰

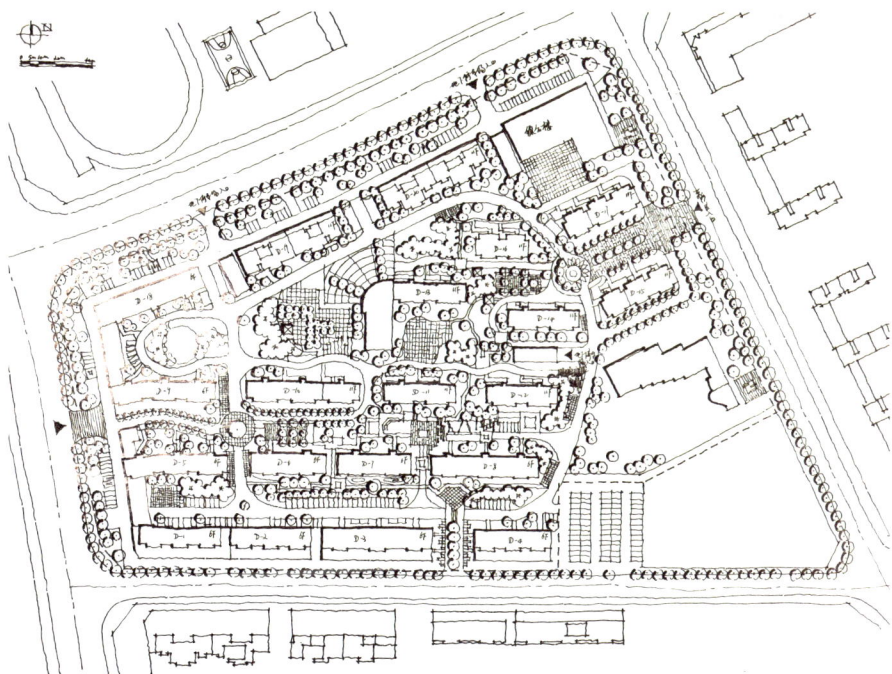

重庆大学出版社

图书在版编目（CIP）数据

城乡规划设计基础/韩秀茹，李娟宜主编.--重庆：
重庆大学出版社，2020.11
ISBN 978-7-5689-2540-2

Ⅰ.①城…　Ⅱ.①韩…②李…　Ⅲ.①城乡规划—设
计—高等学校—教材　Ⅳ.①TU984

中国版本图书馆CIP数据核字（2020）第267946号

城乡规划设计基础

主　编　韩秀茹　李娟宜
副主编　赵　砺　赵发兰
策划编辑：鲁　黎

责任编辑：夏　宇　　版式设计：张　晗
责任校对：王　倩　　责任印制：张　策

*

重庆大学出版社出版发行
出版人：饶帮华
社址：重庆市沙坪坝区大学城西路21号
邮编：401331
电话：（023）88617190　88617185（中小学）
传真：（023）88617186　88617166
网址：http://www.cqup.com.cn
邮箱：fxk@cqup.com.cn（营销中心）
全国新华书店经销
重庆长虹印务有限公司印刷

*

开本：720mm×1020mm　1/16　印张：14.5　字数：202千
2020年11月第1版　2020年11月第1次印刷
ISBN 978-7-5689-2540-2　定价：65.00元

前言

当今世界，计算机技术迅猛发展，从事规划设计、建筑设计、景观设计等领域的设计师们已将计算机作为不可或缺的表现工具。设计师运用多种设计软件使效果图、动画等越来越形象逼真。然而，由于艺术创造过程中灵感稍纵即逝，使得手绘表达在创作初期具有不可替代的作用。良好的手绘功底能够使设计师在第一时间将自己的设计作品通过图示语言表达出来，为相互交流设计意图提供有力保障。在设计专业教学中，培养学生的手绘能力，可以有效提高学生的艺术修养和审美，拓展工程艺术思维方式，丰富表现手段。因此，掌握钢笔、针管笔、马克笔等工具的表现技法是必不可少的基本功。

本书从绘画基本知识、透视图及鸟瞰图的结构画法、分析图的绘制、规划设计要素表现、总平面图的表现方法、立（剖）面图画法、马克笔上色逐步深入，主要针对美术功底较弱的初学者，选用最清晰明确的图示语言进行编写，力求简单易懂、容易把握。在讲解表现技法的同时，试图将设计思想融入其中，让学生明确学习目的，学以致用。

本书由韩秀茹、李娟宜任主编，赵砺、赵发兰任副主编。可供城乡规划专业、环境艺术专业、风景园林专业的初学者使用，也可供从事这些领域的设计师及专业爱好者参考使用。由于时间和水平有限，书中尚有许多不足之处，恳请各位专家和读者批评指正。衷心希望本书能够成为我们沟通的桥梁，在专业的道路上携手共进，共同提高。

编　者

2020 年 6 月

前言

当今世界，计算机技术迅猛发展，从事规划设计、建筑设计、景观设计等领域的设计师们已将计算机作为不可或缺的表现工具。设计师运用多种设计软件使效果图、动画等越来越形象逼真。然而，由于艺术创造过程中灵感稍纵即逝，使得手绘表达在创作初期具有不可替代的作用。良好的手绘功底能够使设计师在第一时间将自己的设计作品通过图示语言表达出来，为相互交流设计意图提供有力保障。在设计专业教学中，培养学生的手绘能力，可以有效提高学生的艺术修养和审美，拓展工程艺术思维方式，丰富表现手段。因此，掌握钢笔、针管笔、马克笔等工具的表现技法是必不可少的基本功。

本书从绘画基本知识、透视图及鸟瞰图的结构画法、分析图的绘制、规划设计要素表现、总平面图的表现方法、立（剖）面图画法、马克笔上色逐步深入，主要针对美术功底较弱的初学者，选用最清晰明确的图示语言进行编写，力求简单易懂、容易把握。在讲解表现技法的同时，试图将设计思想融入其中，让学生明确学习目的，学以致用。

　　本书可供城乡规划专业、环境艺术专业、风景园林专业的初学者使用，也可供从事这些领域的设计师及专业爱好者参考使用。由于时间和水平有限，书中尚有许多不足之处，恳请各位专家和读者批评指正。衷心希望本书能够成为我们沟通的桥梁，在专业的道路上携手共进，共同提高。

编　者

2020 年 6 月

目 录

第 1 章

绘画基本知识

1.1 前期准备

1.1.1 常用画笔

1）铅笔

如果绘图者无美术基础或美术基础较弱，前期可用铅笔（图1-1）定绘画轮廓。选择铅笔时，注意不要因为铅笔太软弄脏画面，也不要因为铅笔太硬在画面上留下划痕。建议大家直接使用一次性针管笔进行绘图，这样能提高制图效率，长期练习，即可脱离铅笔打稿。

韩秀茹拍摄

图 1-1

2）一次性针管笔

一次性针管笔（图1-2）出水流畅，较普通签字笔而言，是上墨线的首选。流畅的线条会大大提升初学者的绘画效果，通常需准备0.05、0.1、0.3、0.5、0.7、0.9 mm几个型号，其中0.05 mm常用于画景观中的铺装填充、植物填充等，0.7 ~ 0.9 mm可用勾线笔（图1-3）代替，因为勾线笔价格更便宜、易购买。

韩秀茹拍摄

图 1-2

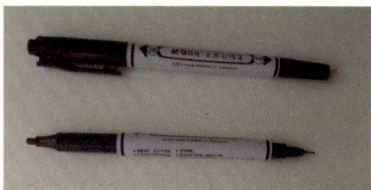

韩秀茹拍摄

图 1-3

3）签字笔

绘图时不建议使用普通签字笔（图1-4），因为多数普通签字笔在画长线条时出水并不流畅，因此出现学生不停地去接线条的情况，而且线条粗细不均，影响绘图效果。

4）彩色铅笔

彩色铅笔（图1-5）在上色时常配合马克笔使用，但不建议整张图都用彩铅上色，因为颜色比较浅，速度也慢。

5）马克笔

马克笔（图1-6）品牌较多，可根据个人喜好选择。常见的品牌有TOUCH、FANDI等，可以整套购买，也可以单只挑选，通常建筑学专业需将灰色系配全，园林景观专业需将绿色系配全。

韩秀茹拍摄

图 1-4

韩秀茹拍摄

图 1-5

图 1-6

韩秀茹拍摄

1.1.2 其他工具

1）拷贝纸

拷贝纸（图1-7）也称草图纸，具有较高的韧性及透明度，表面平整、细腻、光滑。因其良好的透明度，特别适合贴在项目现状图上绘制初始方案时使用。如果方案不满意，可以再附一张，将满意的部分拓印下来，继续修改不满意的部分，直至完成方案草图。另外，绘制效果图时也可以用拷贝纸画线稿。常用的拷贝纸有单张0号图幅的，也有A3卷纸状的，可根据个人经济情况购买。

2）A3/A4打印纸

线稿满意后再将其扫描打印或者复印出来，在A3/A4打印纸（图1-8）上上色，如果上色不满意，还可再次打印重新上色。

3）尺子

三角板或者直尺（图1-9）都可以作为辅助工具，虽然手绘作图不同于尺规作图，但是有时候需要画较长的线时可以选用尺子辅助，这样这根线反而比徒手画更快。

4）纸胶带

可以用纸胶带（图1-10）将拷贝纸贴在打印出来的现状图上，揭下

韩秀茹拍摄
图1-7

韩秀茹拍摄
图1-8

韩秀茹拍摄
图1-10

韩秀茹拍摄
图1-9

来后也不会留有痕迹。

1.1.3 绘画坐姿与握笔姿势

视线与纸面应成 90°，避免透视坐着看是正确的，站起来看就不对了。
握笔时不要太靠近笔尖，笔和纸面成一定角度，不要垂直（图 1–11）。

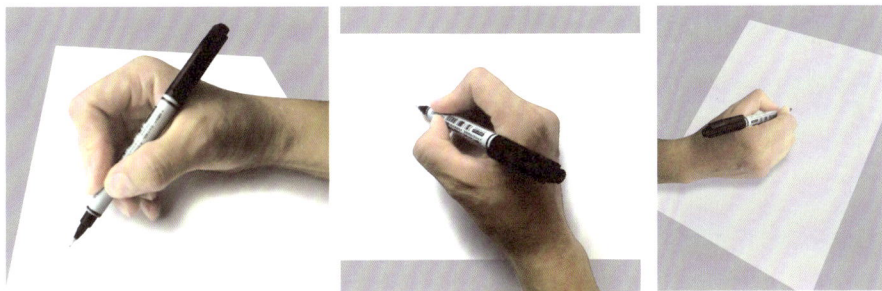

韩秀茹拍摄

图 1–11

1.1.4 运笔

运笔就是笔的运动轨迹，很多初学者习惯性地用手腕运笔，画出的
线条不直，因此正确的方法是用手臂运动来控制笔的轨迹，手腕和手指是
不动的，图 1–12 框内的直线为手腕动、手臂不动画出的效果，显然是不
直的。

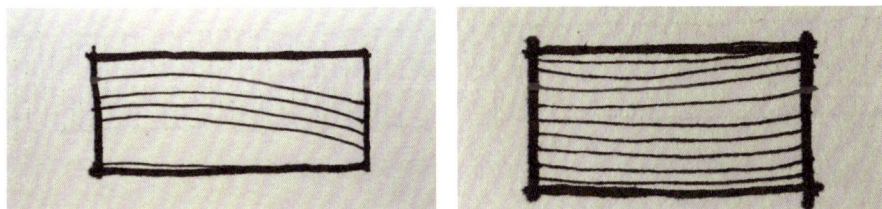

韩秀茹绘

图 1–12

1.2 线　条

在透视正确、构图得当的前提下，绘制线条的熟练程度直接影响整体图纸的质量。

常见错误包括有头无尾（图 1-13）、线条带钩（图 1-14）、多条短线接成一条长线（图 1-15）、线条不到头（图 1-16、图 1-17）等。

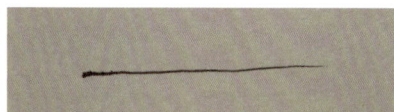

韩秀茹绘

图 1-13

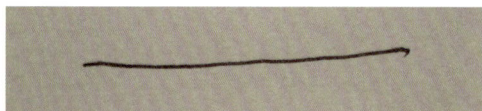

韩秀茹绘

图 1-14

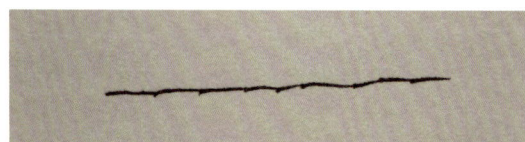

韩秀茹绘

图 1-15

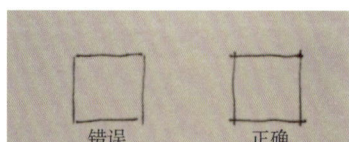

错误　　　正确

韩秀茹绘

图 1-16

错误

正确

韩秀茹绘

图 1-17

来后也不会留有痕迹。

1.1.3　绘画坐姿与握笔姿势

视线与纸面应成 90°，避免透视坐着看是正确的，站起来看就不对了。握笔时不要太靠近笔尖，笔和纸面成一定角度，不要垂直（图 1-11）。

韩秀茹拍摄

图 1-11

1.1.4　运笔

运笔就是笔的运动轨迹，很多初学者习惯性地用手腕运笔，画出的线条不直，因此正确的方法是用手臂运动来控制笔的轨迹，手腕和手指是不动的，图 1-12 框内的直线为手腕动、手臂不动画出的效果，显然是不直的。

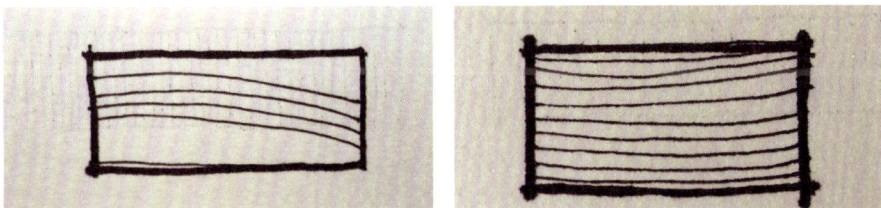

韩秀茹绘

图 1-12

1.2　线　条

在透视正确、构图得当的前提下，绘制线条的熟练程度直接影响整体图纸的质量。

常见错误包括有头无尾（图1-13）、线条带钩（图1-14）、多条短线接成一条长线（图1-15）、线条不到头（图1-16、图1-17）等。

韩秀茹绘

图1-13

韩秀茹绘

图1-14

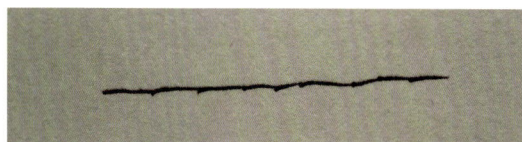

韩秀茹绘

图1-15

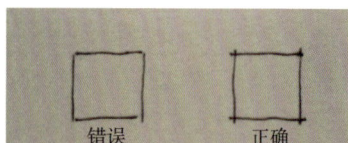

错误　　　　正确

韩秀茹绘

图1-16

错误

正确

韩秀茹绘

图1-17

1.3 植物常用线条

　　植物线条不必拘泥，只要能表现出植物生长的自然特性即可，因此植物轮廓线都是用不规则的线条表示，再加上疏密的变化，植物就显得比较灵动自然（图 1-18—图 1-27）。

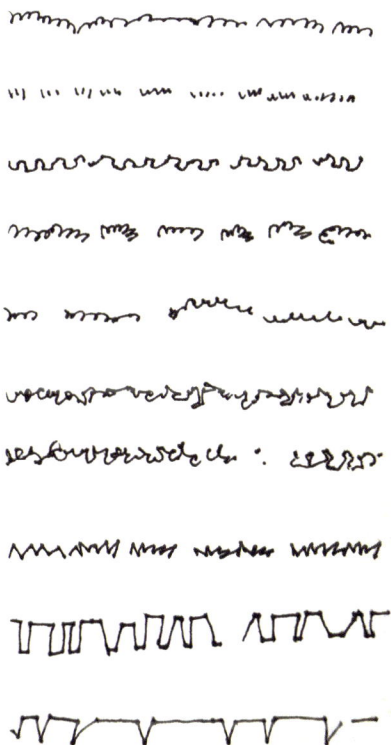

韩秀茹绘

图 1-18

赵砺绘

图 1-19

赵砺绘

图 1-20

赵砺绘

图 1-21

高梓汐绘 北华航天工业学院环艺 2019 级 指导老师：赵砺

图 1-22

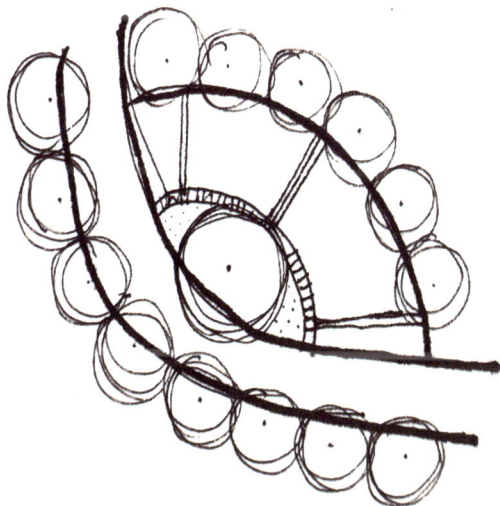

韩秀茹绘

图 1-23

宁子郡绘 北华航天工业学院环艺 2019 级
指导老师：赵砺

图 1-24

高梓汐绘 北华航天工业学院环艺 2019 级
指导老师：赵砺

图 1-25

高梓汐绘 北华航天工业学院环艺 2019 级
指导老师：赵砺

图 1-26

高梓汐绘 北华航天工业学院环艺 2019 级
指导老师：赵砺

图 1-27

1.4 线条练习（图1-28—图1-36）

· Potala Palace at Lhasa
2018.04.21
LIRUCHUN

李茹春临摹 青海大学城规2016级 指导老师：李娟宜

图 1-28

张玉文临摹 青海大学城规2016级 指导老师：李娟宜

图 1-29

扎西达娃临摹 青海大学城规 2016 级 指导老师：李娟宜

图 1-30

赵璐临摹 青海大学城规 2016 级 指导老师：李娟宜

图 1-31

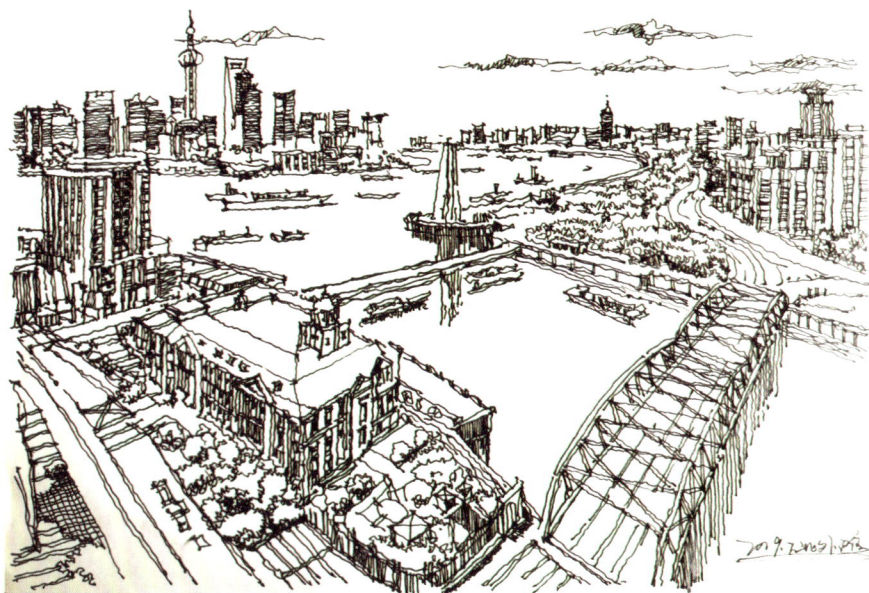

赵璐绘 青海大学城规 2016 级 指导老师：李娟宜

图 1-32

李茹春绘 青海大学城规 2016 级 指导老师：李娟宜

图 1-33

王鑫蕊临摹 青海大学城规 2016 级 指导老师：李娟宜

图 1-34

郭肖临摹 青海大学城规 2016 级 指导老师：李娟宜

图 1-35

图 1-36

1.5 常用的制图规范

①《城市规划制图标准》（CJJ/T 97—2003）自 2003 年 12 月 1 日起实施。本标准由建设部标准定额研究所组织中国建筑工业出版社出版发行，适用于城市总体规划、城市分区规划。城市详细规划可参照使用。

②《风景园林制图标准》（CJJ/T 67—2015）自 2015 年 9 月 1 日起实施。

③《房屋建筑室内装饰装修制图标准》（JGJ/T 244—2011）自 2012 年 3 月 1 日起实施。

第 2 章

透视图及鸟瞰图的结构画法

当人们站在玻璃窗内用一只眼睛观看室外的建筑物时，无数条视线与玻璃窗相交，把各交点连接起来的图形即为透视图。

　　关于透视，教师一直在寻找一种最简单的方法，而不是让学生提到透视就望而生畏，要想快速掌握并理解透视，有三个概念尤为重要：视平线、地平线和消失点。

2.1 透视图的三要素

2.1.1 视平线

视平线是指画者的中视线与画面垂直相交的交点（即心点）在画面上所作的平行于地面的一条水平线。

2.1.2 地平线

地平线就是天地交接线。实际生活中我们看到过这条线吗？在广袤无垠的内蒙古大草原上，草原和天相接的那条线就是地平线；在美丽的青海湖湖畔，极目远眺，海天相接的那条线也是地平线。严格意义上讲，地平线不是一条直线，而是一条巨大的弧线，因为地球是球形的，只是在我们的画面尺度上可以近似地看作一条直线。平视时视平线与地平线重合。用平视方法画透视图能够满足常见效果图纸表达的基本要求，因此本书对其他俯视、仰视等场景下的透视画法不再赘述。

2.1.3 消失点

我们站在马路一侧向前望去，会发现道路、绿篱、建筑、栏杆都有相交于一点的趋势，如果这些要素无限向前延伸，它们将在接触地平线（此时与视平线重合）的那一刻从我们视野里消失，我们把道路消失的点称为消失点（也称灭点）。因此现实中平行的两条道路线在透视图中变成了最终交于一点的直线。图 2-1 中栏杆立柱也是互相平行的线，但它们并没有相交于一点，而是越靠近交点方向越密集、间距越小。

韩秀茹绘

图 2-1

思考：

如果将马路每 20 m 布设一条减速带，减速带在透视图中如何画？

2.2　透视图的分类

根据物体与画面的不同位置，常见的透视图可分为一点透视和两点透视。

2.2.1　一点透视

一点透视也称平行透视，指物体上的主要立面（长度和高度方向）与画面平行，宽度方向的直线垂直于画面所作的透视图只有一个消失点（图 2-2）。

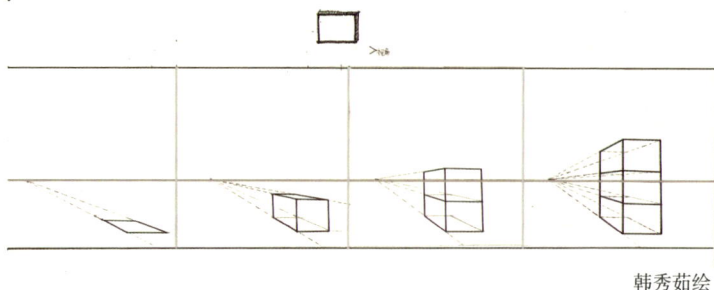

韩秀茹绘

图 2-2

1）一点透视的特点

所有与画面垂直的平行线无限延长后将交于一点（即消失点），视平线以上的线向下延伸，反之向上延伸。

所有与画面平行的平行线依旧相互平行，与画面没有焦点，但是离消失点越近的区域排列会越密集。

2）一点透视实例（图 2-3—图 2-7）

韩秀茹临摹

图 2-3

韩秀茹临摹

图 2-4

韩秀茹临摹

图 2-5

韩秀茹临摹

图 2-6

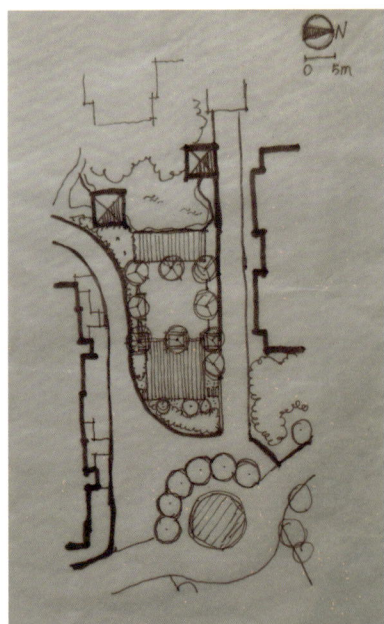

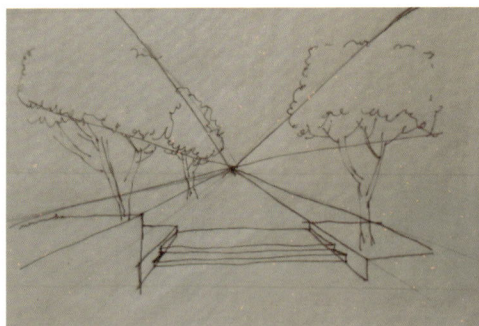

韩秀茹绘

图 2-7

2.2.2　两点透视

如果建筑物仅有铅垂轮廓线与画面平行，而另外两组水平的主向轮廓线均与画面斜交，在画面上形成两个消失点，这两个消失点都在视平线上，这样的透视称为两点透视，也称成角透视。如图2-8所示，延长左侧的窗台平行线，再延长右侧的平行线，它们最终交于两点，这两点就是消失点，这两个消失点的连线就是视平线。试着左右移动观察者的位置，只要还是站在平地上观察，视平线的高度始终不变，消失点也会始终在视平线上。

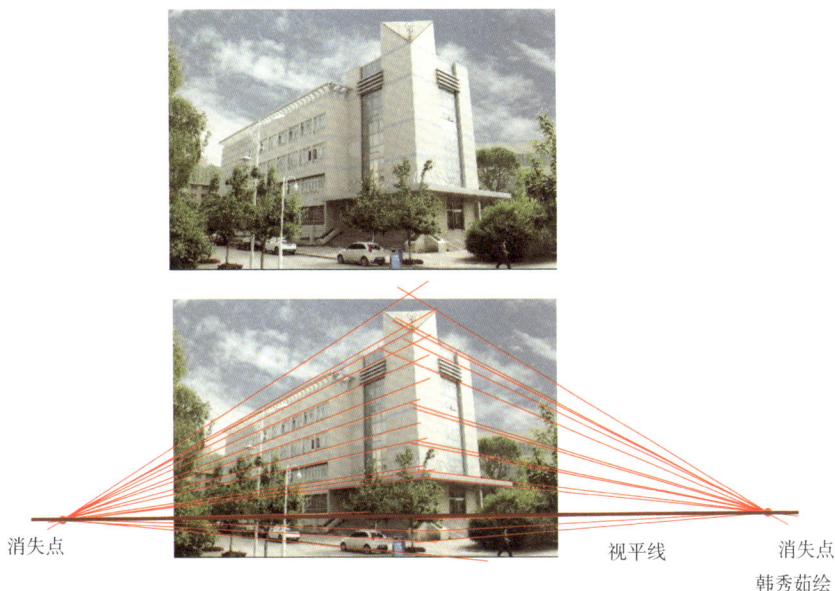

消失点　　　　　　　　　　　　　　　　　　　视平线　　　消失点
　　　　　　　　　　　　　　　　　　　　　　　　　　　韩秀茹绘

图 2-8

1）两点透视的特点（图2-9）

如果把建筑想象成立方体，立方体的边棱在画面前形成两种状态：与画面垂直和与画面成一定角度相交，分别简称为垂直边和成角边。

①两组成角边为变线，左右水平消失，形成两个消失点。

②两个消失点都在同一视平线上。

③视平线以上的立方体成角边向下消失，反之视平线以下的立方体成

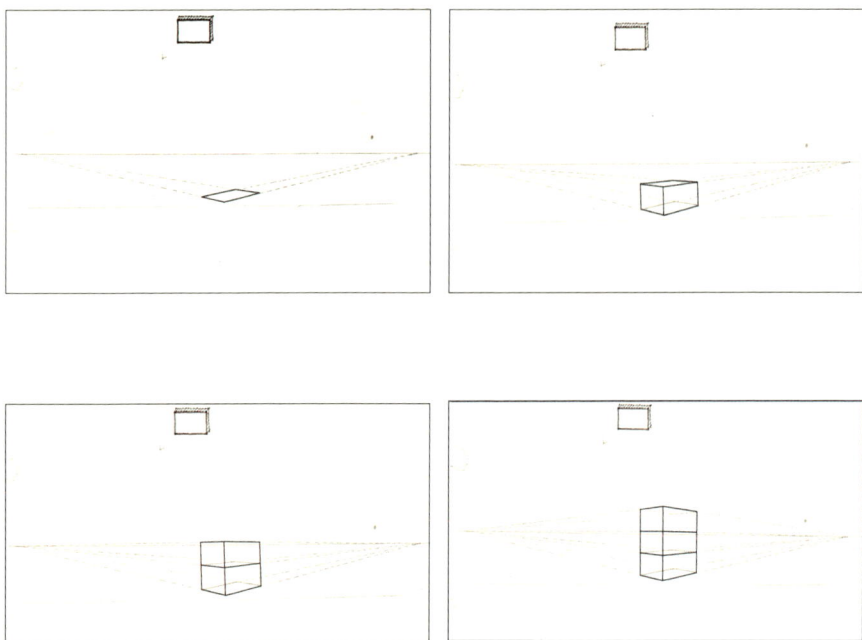

韩秀茹绘

图 2-9

角边向上消失。

2）两点透视的构图特点

初学者容易把两个消失点画得较近，这样会导致透视图与实际物体产生较大的变形。因此，为了较真实地反映物体的形状，常常把两个消失点离得尽量远一些，消失点可以超出画纸。

3）两点透视的透视规律

①有两个消失点。

②消失点在物体的两侧，消失点都消失在视平线上。

③没有一个面是和画面平行的。

④画面上的线近长远短。

4）应用实例（图 2-10—图 2-18）

引自青海大学官网

陈舒绘 青海大学城规 2016 级（"画出青大"建筑速写大赛获奖作品）

图 2-10

陈舒绘 青海大学城规 2016 级 指导老师：李娟宜

图 2-11

李生秀绘 青海大学城规 2017 级 指导老师：李娟宜

图 2-12

陈舒绘 青海大学城规 2016 级 指导老师：李娟宜

图 2-13

图 2-14

郝仕诺绘 青海大学城规 2017 级 指导老师：李娟宜

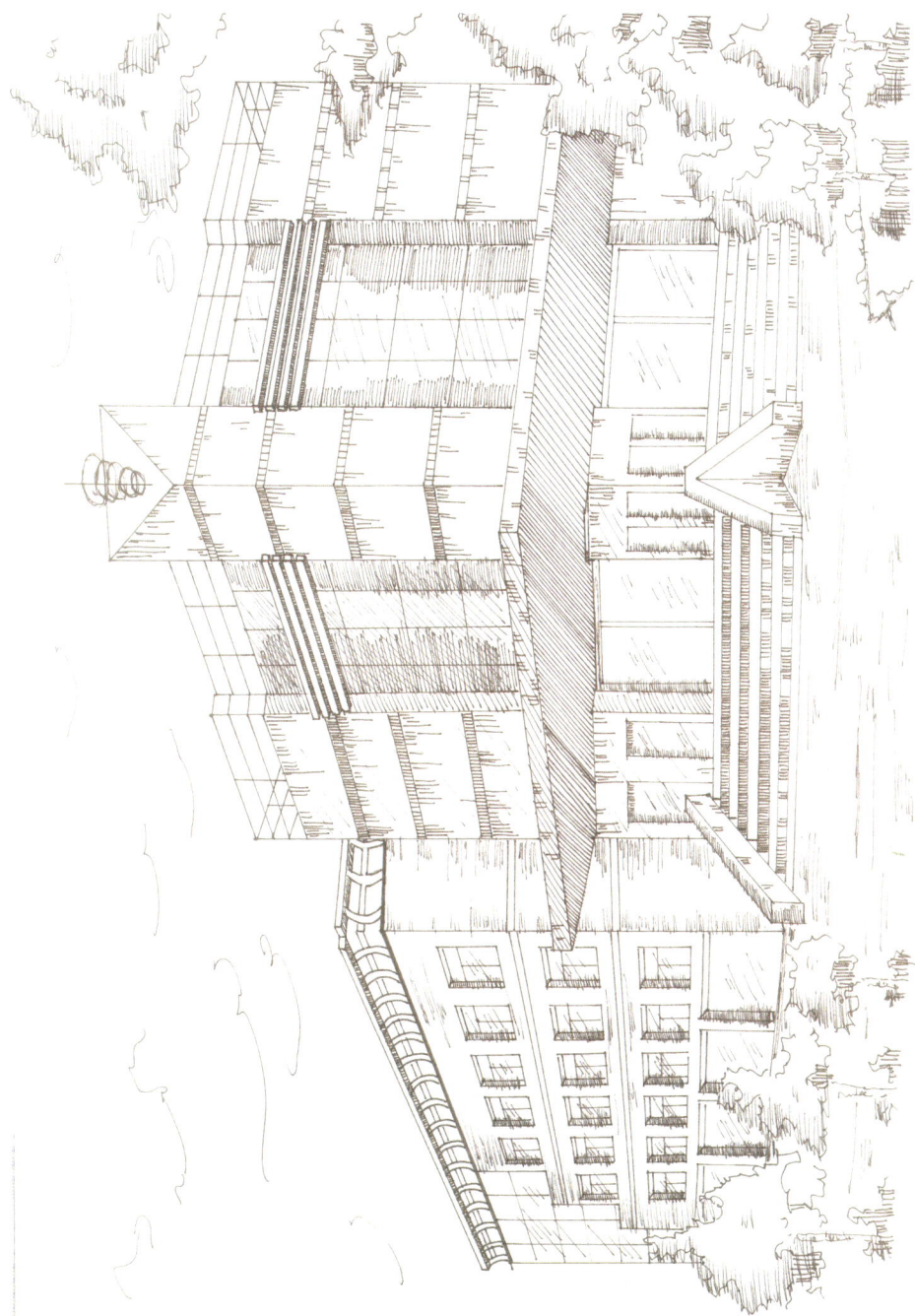

马婧绘 青海大学城规 2016 级（"画出青大"建筑速写大赛获奖作品）

图 2-15

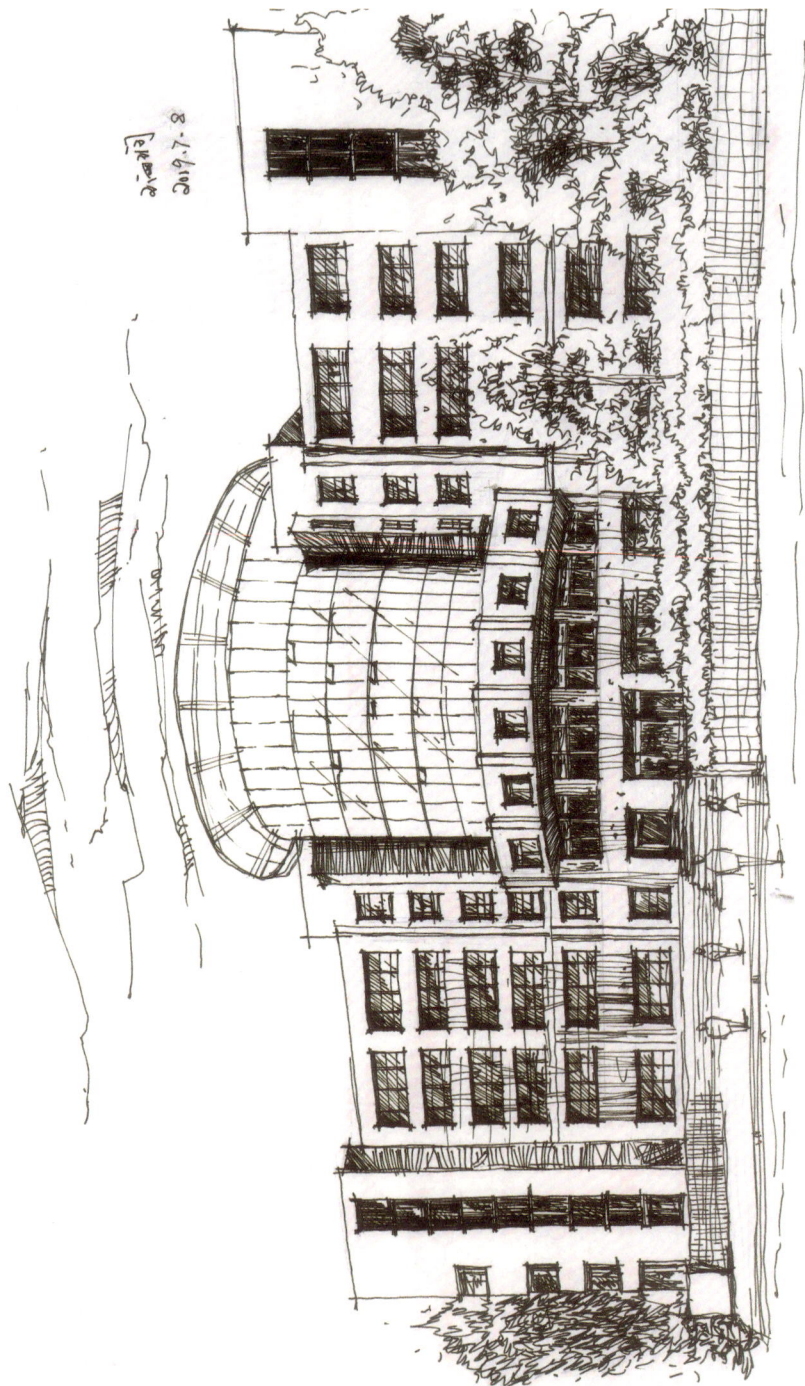

王雨涧绘 青海大学城规2016级（"画出青大"建筑速写大赛获奖作品）

图 2-16

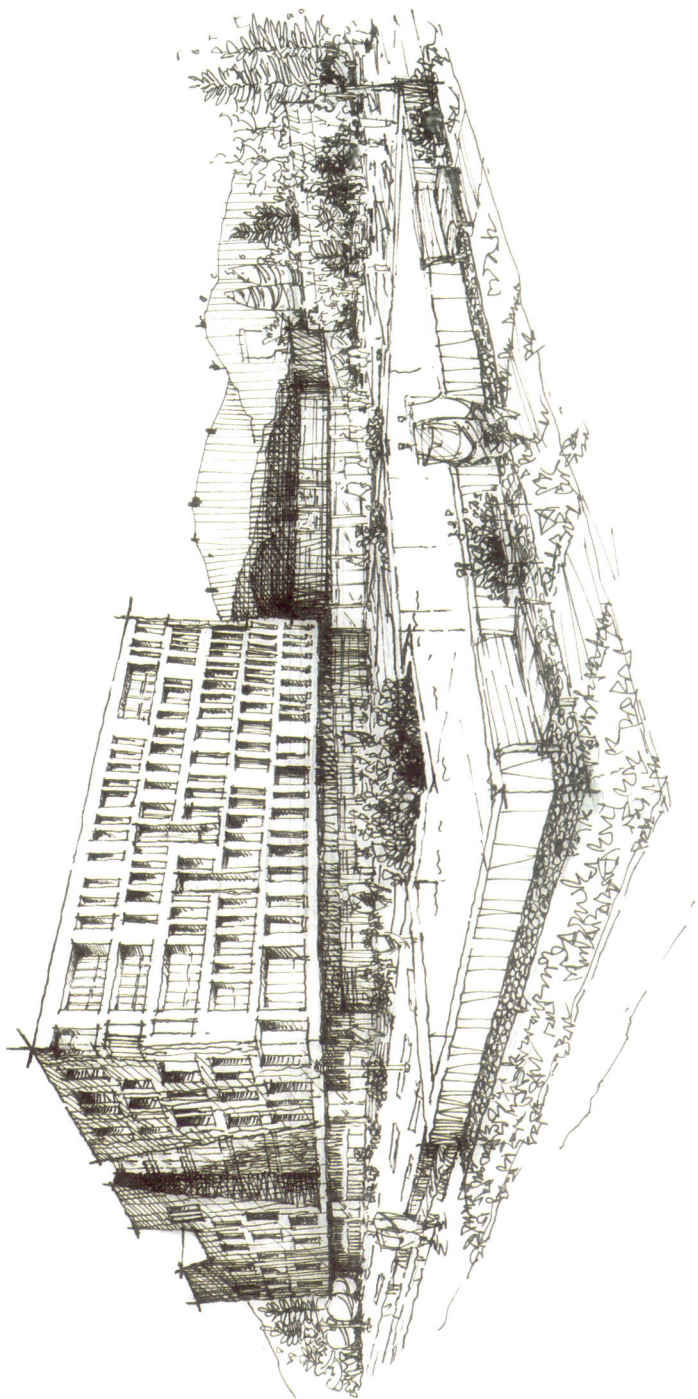

赵璐绘 青海大学城规 2016 级（"画出青大" 建筑速写大赛获奖作品）

图 2-17

凌盼绘 青海大学风景园林 2013 级硕士研究生 指导老师：韩秀茹

图 2-18

2.2.3 鸟瞰图

如果站在临街的 20 层楼上去平视对面的区域，由于视平线升高，我们可以看到比自己视线低矮的建筑物屋顶，我们称这样的图为鸟瞰图（图 2-19—图 2-21）。

韩秀茹绘 引自青海大学官网

图 2-19

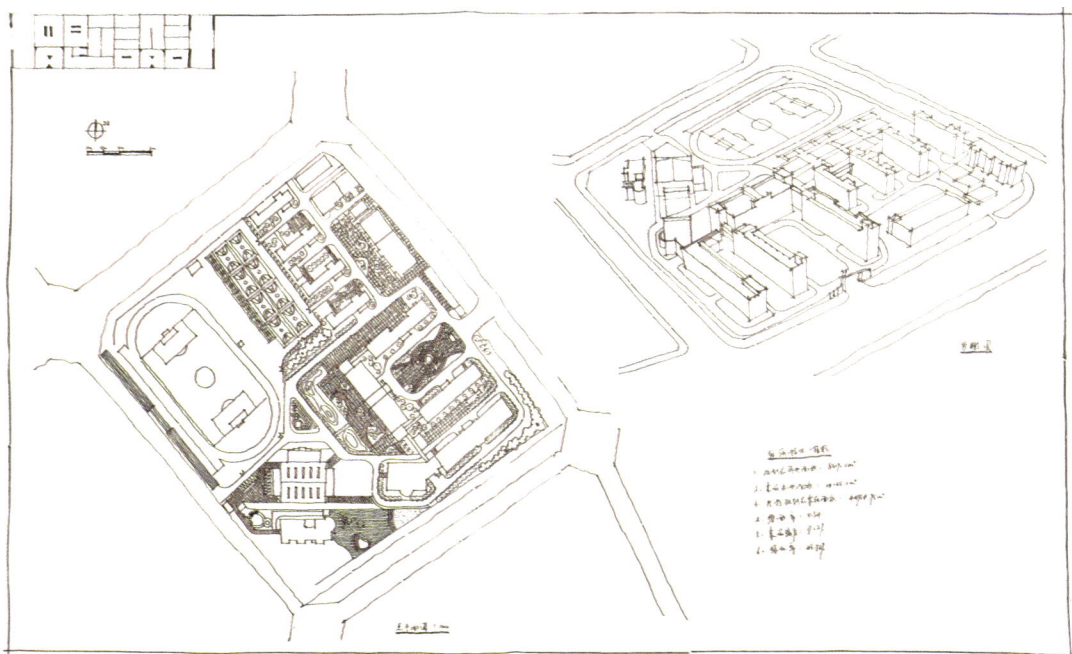

凌盼绘 青海大学风景园林 2013 级硕士研究生 指导老师：韩秀茹

图 2-20

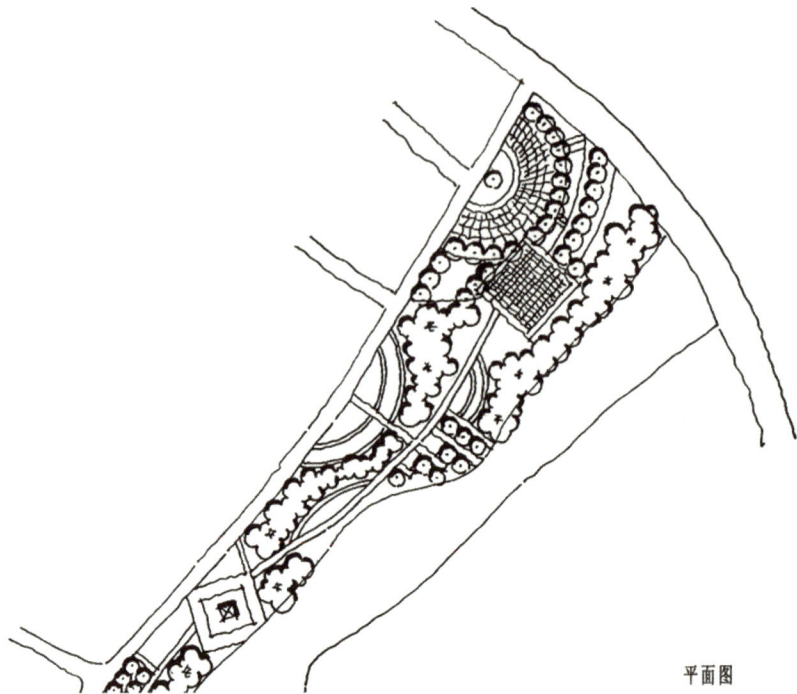
平面图

鸟瞰图

凌盼绘 青海大学风景园林 2013 级硕士研究生 指导老师：韩秀茹

图 2-21

2.3 投　影

　　我们把物体没有直接受光源照射的一面称为背光面或暗面。如图 2-22
所示，a、b、c 三点决定了砖块投影的长度和形状，其中 Aa、Bb、Cc 是
平行光源（通常将太阳光看作是平行光源），平行直线在平面上的投影依
然平行。在透视图中，投影一样符合透视规律，投影边 ab 延长后可与砖
块 AB 的延长线交于砖块消失点。因此，同一幅透视图中，太阳高度不变，
建筑物越高，其投影宽度也越大。

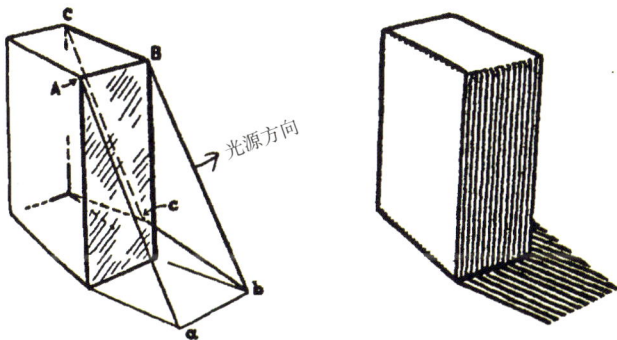

欧内斯特・诺灵.透视如此简单——20 步掌握透视基本原理 [M].路雅琴，张鹏宇，译.
上海：上海人民美术出版社，2015.

图 2-22

　　利用阴影的绘制，可以起到强调建筑的外形、增强图面立体感的效果；
同时，不同的阴影长度可以有效地反映建筑的不同高度。

　　在快速表达中，绘制阴影不需要过分强调其精确轮廓，但须注意所有
建筑物投影的方向应该一致，相近高度的建筑的阴影长度也应该相同（图
2-23—图 2-27）。

赵璐绘 青海大学城规 2016 级 指导老师：赵发兰

图 2-23

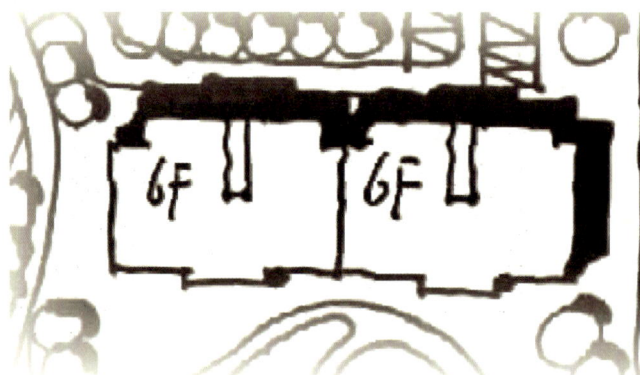

赵璐绘 青海大学城规 2016 级 指导老师：赵发兰

图 2-24

赵璐绘 青海大学城规 2016 级 指导老师：赵发兰

图 2-25

赵璐绘 青海大学城规 2016 级 指导老师：赵发兰

图 2-26

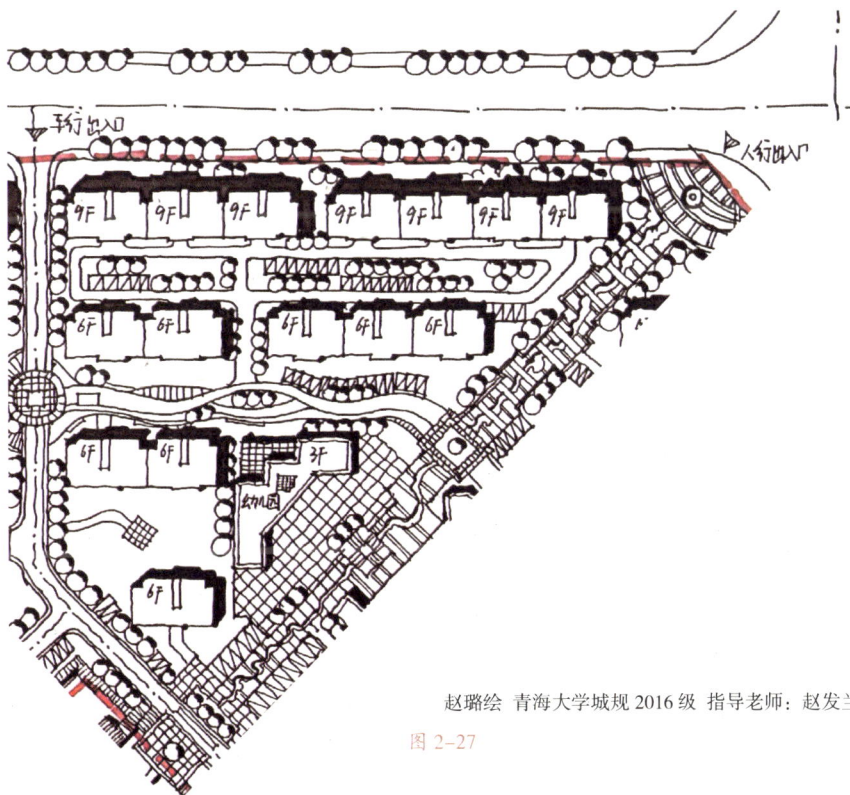

赵璐绘 青海大学城规 2016 级 指导老师：赵发兰

图 2-27

第 3 章

分析图的绘制

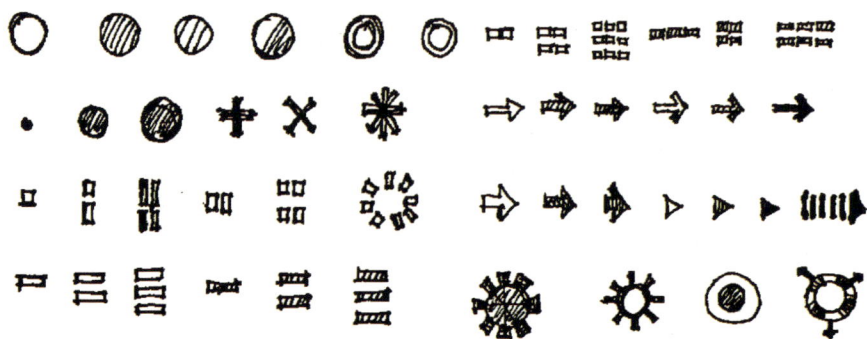

分析图通常用简化了的符号简单明了地表达设计意图，也可作为规划设计思想的补充说明，具有直观、易懂的特点。这种概括性的图示语言也称泡泡图，通常用马克笔直接绘制，宜选择饱和度高、色彩艳丽、对比突出的颜色。根据设计作品的阶段特征和作者的表达意图具有不同的类型。规划设计中常用的分析图主要包括：功能分区图、交通分析图、道路分析图、结构分析图、景观分析图、视线分析图等。

3.1 常用的表达符号

3.1.1 点（图3-1）

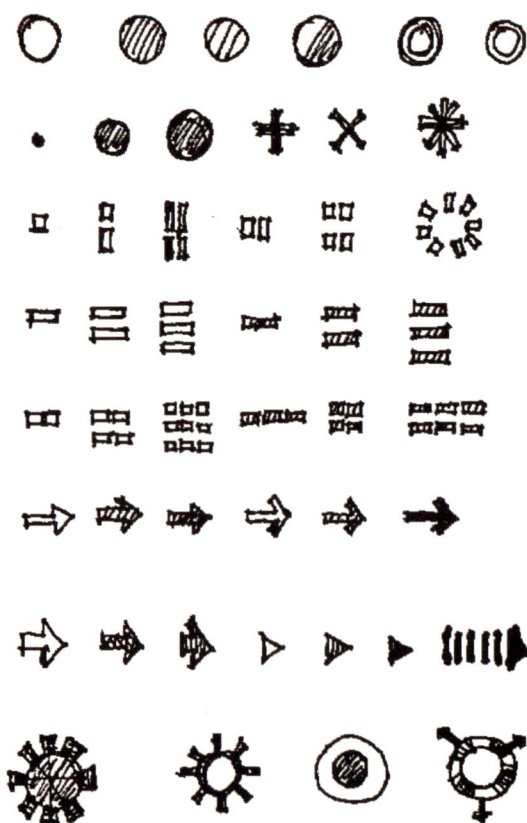

韩秀茹临摹

图 3-1

3.1.2 　线（图 3-2）

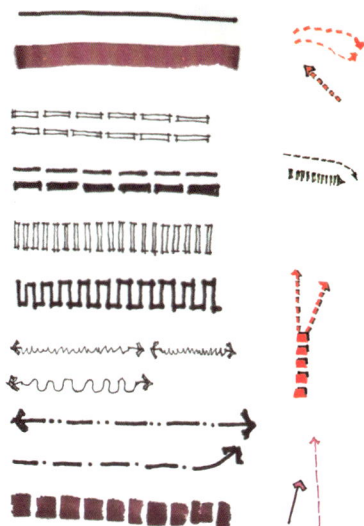

韩秀茹临摹

图 3-2

3.1.3 　面（图 3-3）

韩秀茹临摹

图 3-3

3.1.4 指北针和比例尺（图3-4）

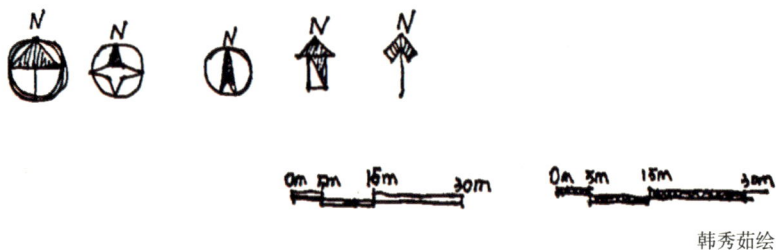

韩秀茹绘

图 3-4

3.2 功能分区图

城市总体规划层面功能分区图主要是结合地形地貌，对城市用地（如居住用地、工业用地、商业用地、市政设施用地等）进行合理分区。在详细规划层面，分区规划图比较灵活多样，如公园规划分区通常可分为文化娱乐区、安静游览区、儿童活动区、服务管理区等。

功能分区图是在平面图的基础上以线框简单地勾画出不同功能性质的区域并给出图例，或者直接引线标出分区名称。功能分区的线框通常为较粗的实线或短虚线，功能区的形态根据图纸分区的形态可以分为方形、圆形或不规则形，每个区域用不同的颜色加以区分。为了增强表达效果，可以在功能区的内部填充与线框相同或同一色系的颜色或斜线（图3-5—图3-21）。

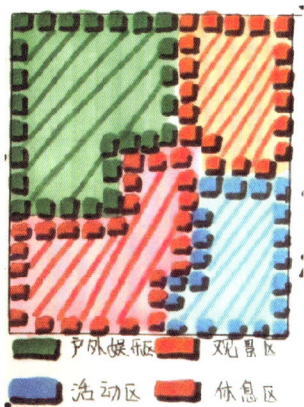

马颖绘 青海大学城规 2016 级
指导老师：赵发兰

图 3-5

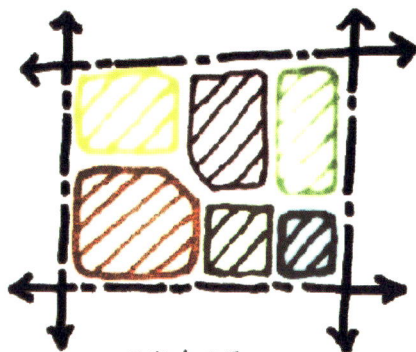

李明绘 青海大学城规 2016 级
指导老师：赵发兰

图 3-6

扎西达娃绘 青海大学城规 2016 级
指导老师：赵发兰

图 3-7

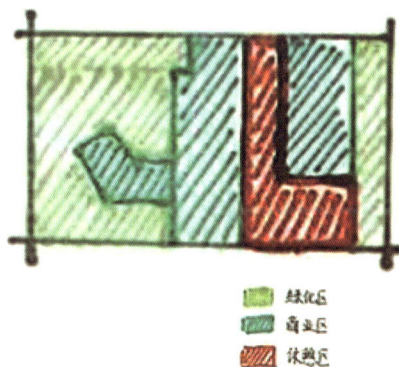

李卓绘 青海大学城规 2016 级
指导老师：赵发兰

图 3-8

王盼盼绘 青海大学城规 2016 级
指导老师：赵发兰

图 3-9

指导老师：赵发兰

图 3-10

黎海娇绘 青海大学城规 2016 级
指导老师：赵发兰

图 3-11

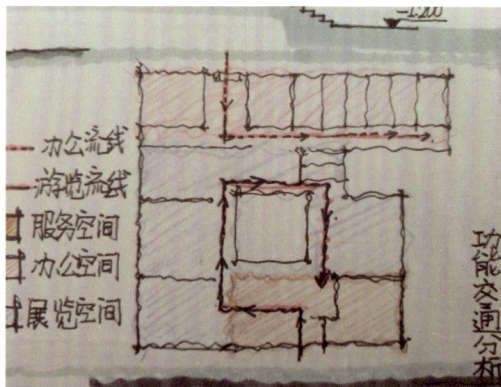

赵璐绘 青海大学城规 2016 级
指导老师：李娟宜

图 3-12

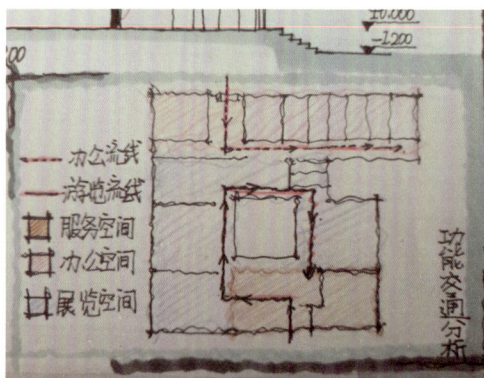

赵璐绘 青海大学城规 2016 级 指导老师：李娟宜

图 3-13

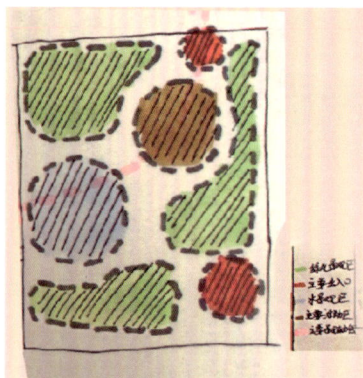

指导老师：赵发兰

图 3-14

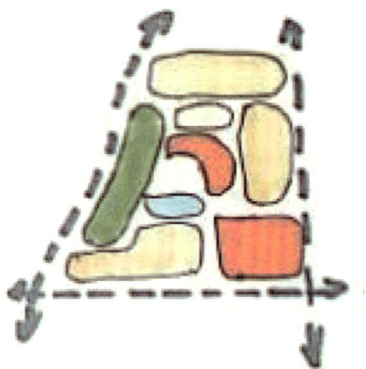

指导老师：赵发兰

图 3-15

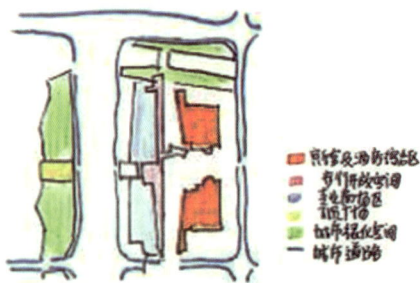

马海霞绘 青海大学城规 2016 级
指导老师：赵发兰

图 3-16

桑艳绘 青海大学城规 2016 级
指导老师：赵发兰

图 3-17

刘佳宁绘 青海大学城规 2016 级
指导老师：赵发兰

图 3-18

宋春慧绘 青海大学城规 2016 级
指导老师：赵发兰

图 3-19

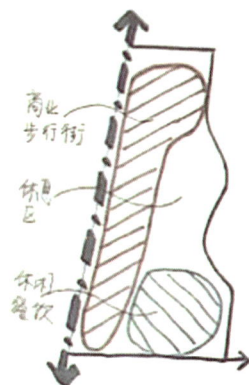

妥静绘 青海大学城规 2016 级
指导老师：赵发兰

图 3-20

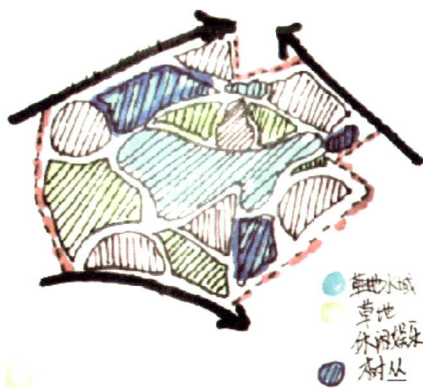

翟荣萍绘 青海大学城规 2016 级 指导老师：赵发兰

图 3-21

3.3 交通分析图

交通分析图主要表达道路出入口和各级道路彼此之间的流线关系。以居住区规划为例，交通分析图主要包括以下内容：外部车行流线、内部车行流线、消防车行流线、消防登高场地、地下车库出入流线、停车流线、人行流线等（图 3-22—图 3-41）。

指导老师：赵发兰

图 3-22

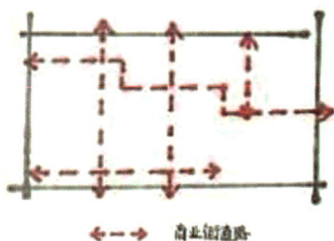

李卓绘 青海大学城规 2016 级
指导老师：赵发兰

图 3-23

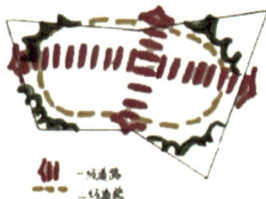

王盼盼绘 青海大学城规 2016 级
指导老师：赵发兰

图 3-24

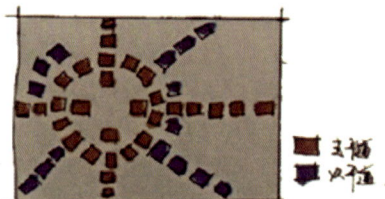

指导老师：赵发兰

图 3-25

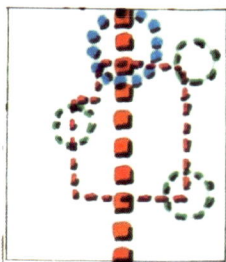

指导老师：赵发兰

图 3-26

宋春慧绘 青海大学城规 2016 级
指导老师：赵发兰

图 3-27

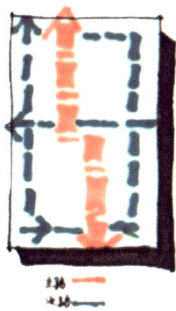

指导老师：赵发兰

图 3-28

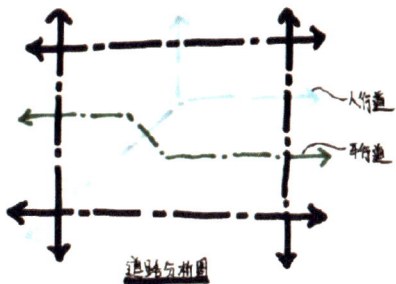

李明绘 青海大学城规 2016 级

指导老师：赵发兰

图 3-29

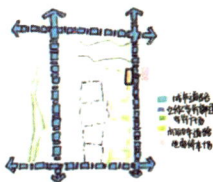

马海霞绘 青海大学城规 2016 级

指导老师：赵发兰

图 3-30

桑艳绘 青海大学城规 2016 级

指导老师：赵发兰

图 3-31

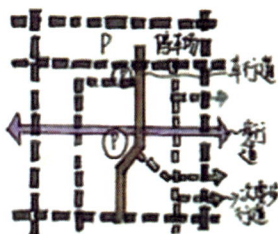

刘佳宁绘 青海大学城规 2016 级

指导老师：赵发兰

图 3-32

指导老师：赵发兰

图 3-33

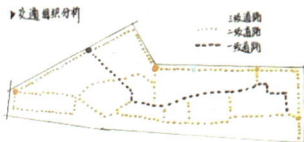

丁玥绘 青海大学城规 2016 级

指导老师：赵发兰

图 3-34

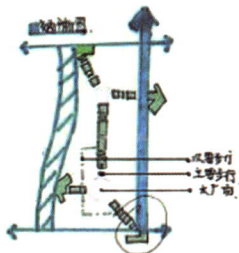

宋春慧绘 青海大学城规 2016 级

指导老师：赵发兰

图 3-35

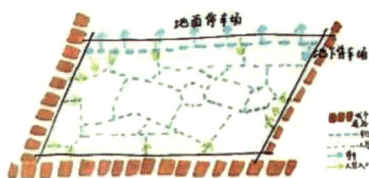

指导老师：赵发兰

图 3-36

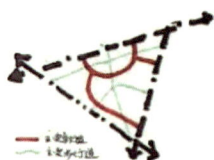

陶礼芬绘 青海大学城规 2016 级
指导老师：赵发兰

图 3-37

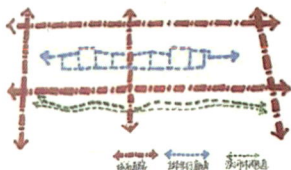

赵璐绘 青海大学城规 2016 级
指导老师：赵发兰

图 3-38

妥静绘 青海大学城规 2016 级
指导老师：赵发兰

图 3-39

翟荣萍绘 青海大学城规 2016 级
指导老师：赵发兰

图 3-40

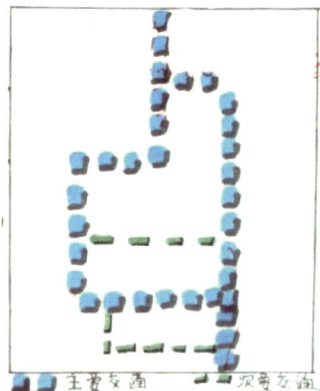

马颖绘 青海大学城规 2016 级
指导老师：赵发兰

图 3-41

3.4 结构分析图

规划中常将片区规划概括为"几环、几轴、几中心",结构分析图主要是表达图面中的规划结构关系,在设计中主要表达出入口、主要道路、景观节点、水系之间的关系,如果存在轴线关系,可以用一定宽度的虚线或点画线表示(图3-42—图3-54)。出入口用箭头表示,主要道路用不同颜色的线条表示,水系用蓝色系的线条表示,节点用各种圆形的图例表示。

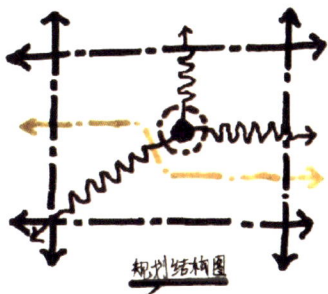

李明绘 青海大学城规 2016 级
指导老师:赵发兰
图 3-42

宋春慧绘 青海大学城规 2016 级
指导老师:赵发兰
图 3-43

扎西达娃绘 青海大学城规 2016 级
指导老师:赵发兰
图 3-44

扎西达娃绘 青海大学城规 2016 级
指导老师:赵发兰
图 3-45

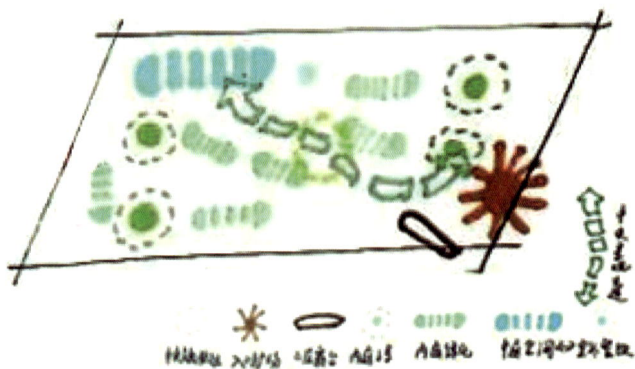

指导老师：赵发兰

图 3-46

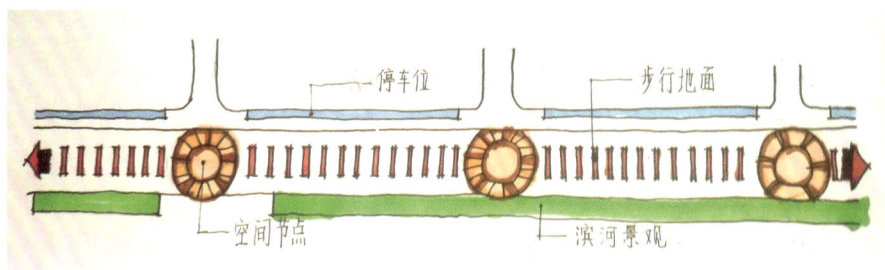

停车位　　　　　步行地面

空间节点　　　　滨河景观

采玉文绘 青海大学城规 2016 级 指导老师：赵发兰

图 3-47

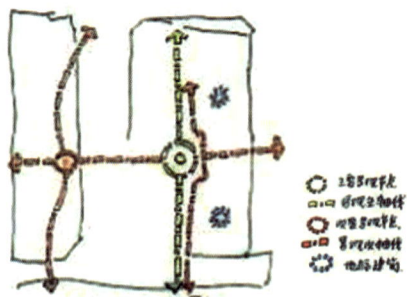

马海霞绘 青海大学城规 2016 级
指导老师：赵发兰

图 3-48

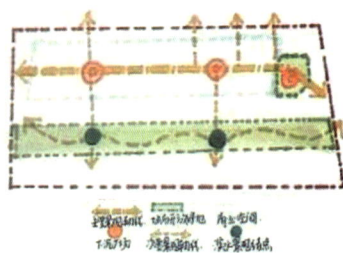

赵璐绘 青海大学城规 2016 级
指导老师：赵发兰

图 3-49

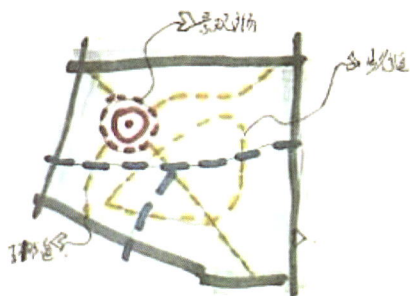

董亚兴绘 青海大学城规 2016 级
指导老师：赵发兰

图 3-50

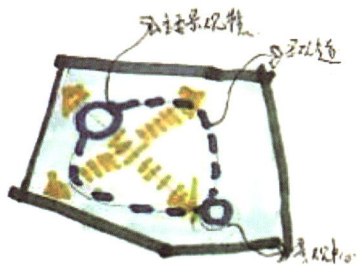

董亚兴绘 青海大学城规 2016 级
指导老师：赵发兰

图 3-51

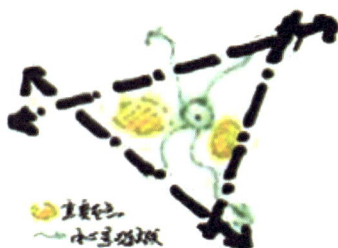

陶礼芬绘 青海大学城规 2016 级
指导老师：赵发兰

图 3-52

陶礼芬绘 青海大学城规 2016 级
指导老师：赵发兰

图 3-53

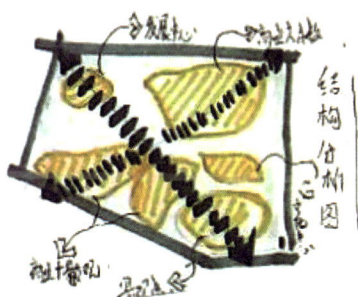

董亚兴绘 青海大学城规 2016 级 指导老师：赵发兰

图 3-54

3.5 景观分析图

景观分析图主要表达主要景观轴线、次要景观轴线、一级景观节点、二级景观节点、三级景观节点等（图 3-55—图 3-70）。也有不同植物种类的规划分析图。

李明绘 青海大学城规 2016 级
指导老师：赵发兰

图 3-55

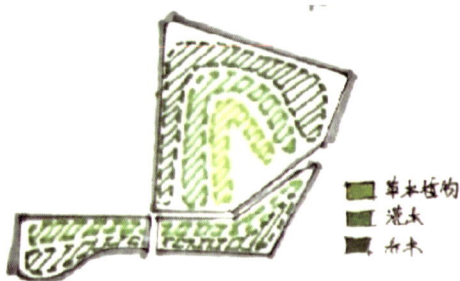

王鑫蕊绘 青海大学城规 2016 级
指导老师：赵发兰

图 3-56

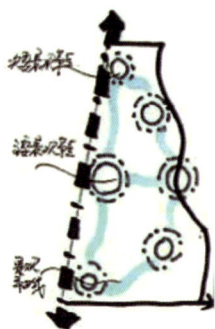

妥静绘 青海大学城规 2016 级
指导老师：赵发兰

图 3-57

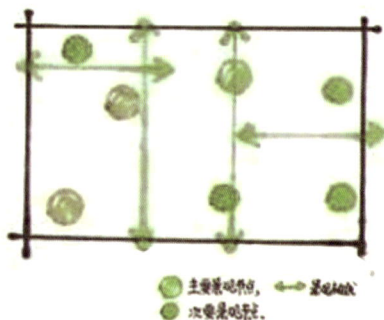

李卓绘 青海大学城规 2016 级
指导老师：赵发兰

图 3-58

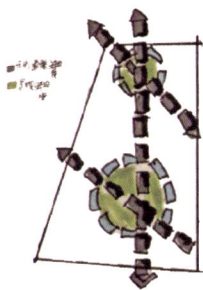

马海霞绘 青海大学城规 2016 级
指导老师：赵发兰

图 3-59

马海霞绘 青海大学城规 2016 级
指导老师：赵发兰

图 3-60

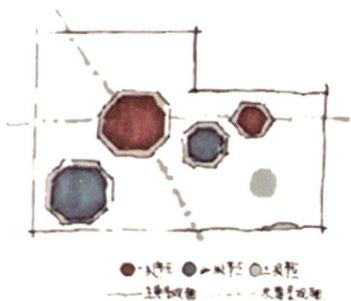

宋春慧绘 青海大学城规 2016 级
指导老师：赵发兰

图 3-61

李明绘 青海大学城规 2016 级
指导老师：赵发兰

图 3-62

指导老师：赵发兰

图 3-63

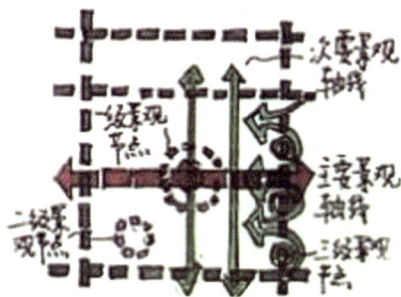

刘佳宁绘 青海大学城规 2016 级
指导老师：赵发兰

图 3-64

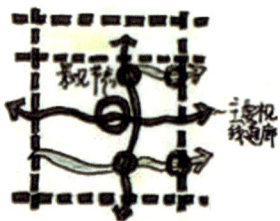

刘佳宁绘 青海大学城规 2016 级
指导老师：赵发兰

图 3-65

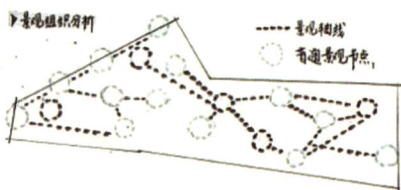

丁玥绘 青海大学城规 2016 级
指导老师：赵发兰

图 3-66

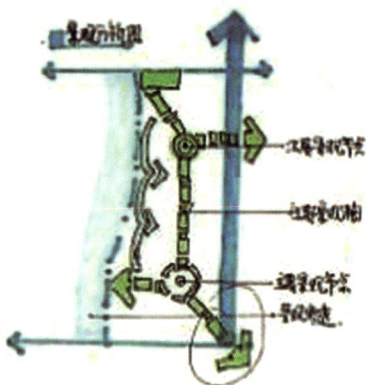

宋春慧绘 青海大学城规 2016 级
指导老师：赵发兰

图 3-67

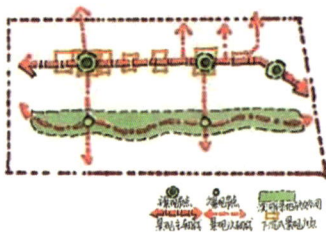

赵璐绘 青海大学城规 2016 级
指导老师：赵发兰

图 3-68

翟荣萍绘 青海大学城规 16 级
指导老师：赵发兰

图 3-69

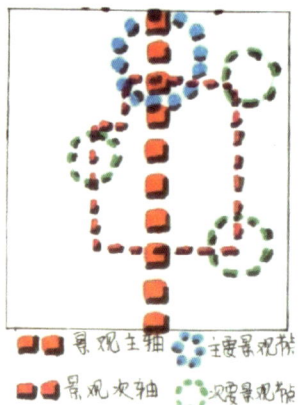

马颖绘 青海大学城规 2016 级
指导老师：赵发兰

图 3-70

第 4 章

修建性详细规划中各要素的表现方法

景观的五大基本构成要素包括地形（含水体）、植物、建筑、道路广场和园林小品。

地形是景观的骨架，主要包括平地、丘陵、山地等类型。现有地形要素的利用和改造，将直接影响建筑布局、植物配置、海绵城市专项设计、给排水工程等。水体是景观的重要组成部分。因为人具有亲水性，而水是园林的灵魂，故水景往往是园林的主要景点。常用的水体造景形式可分为静水与动水两种。静水主要有湖、池、塘等；动水主要有喷泉、溪、涧等。另外，水声、倒影也是水景中创造意境的重要元素，智能喷泉更是深受游客喜爱。

植物是景观中随季相变化的要素，包括乔木、小乔木、灌木、攀缘植物、花卉、草坪等。植物的四季景观及本身的形态、色彩等都是园林造景的重要素材。园林植物与地形、水体、建筑、山石等有机地配植，可以形成优美的景观。

园林建筑、构筑物根据立意、功能、造景等需要，必须慎重考虑其风格、体量、造型、色彩等，并精心布局与其他要素（如山石、雕塑等）的相互关系。

道路和广场对景观形式起着决定性的作用。园林中常用的规则式、自然式和混合式风格布局，就是通过道路的形式来体现的。规则式园林中多直线型道路，自然式园林中多曲线型道路，混合式园林中二者兼有。

园林小品是指园林中供游人休息、观赏、展示的小型设施，一般包括园林山石、雕塑等内容。园林小品既能美化环境，丰富游园乐趣，为游人提供休憩和活动的便利，又能使游人从中获得美的感受和良好的教育。

4.1 地形及水体

　　自然地形是大自然所赋予的形态，是长期地壳运动与气候变化形成的结果。适应它们就是要与适应这种地形的自然力和条件相和谐。

　　"高方欲就亭台，低凹可开池沼""相地合宜，构园得体"，这是明末造园家计成在《园冶》相地篇中对园林设计要依据地形、地势情况进行布局的精妙概括。在规划设计中，大到城市风貌设计、小到街头绿地设计，几乎所有的要素都要和地面接触。因此，地形也被称为设计的骨架。中国传统的自然山水园中，颐和园、圆明园和避暑山庄都是"相地"十分成功的典范（图4-1）。

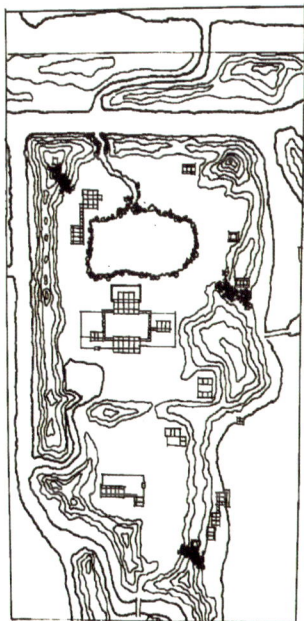

圆明园廓然大公景点

唐学山，等.园林设计 [M].北京：中国林业出版社，1997.

图 4-1

当代景观设计中地形作用显著，既可突出主景（如颐和园前山的佛香阁）、分割空间、丰富植物的生长环境，又可对雨水径流、排水分区及海绵设施布设产生影响。

4.1.1 地形设计趋势

①生态设计理念下，尽量尊重原地形，减少挖填方及由此造成的地表植被的破坏，如生态公园设计案例。

②海绵城市设计背景下，根据实际地形，合理划分汇水面积，规划植草沟进行雨水收集。

③下凹式绿地的应用：下凹式绿地指高程低于周围路面或铺砌硬化地面约 20 cm 内的绿地。降雨时，让雨水最大限度地入渗至绿地中，从源头上减少城市内涝的发生。我国最早开始应用下凹式绿地设施的工程项目是北京奥林匹克公园。

设计图纸中常用虚短线表示原地形等高线，用实线表示设计等高线（图4-2—图4-4）。

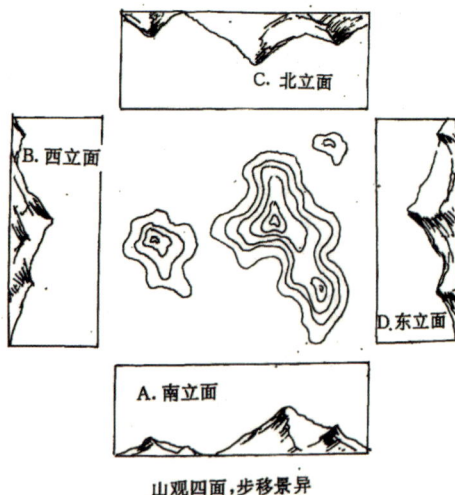

山观四面，步移景异

唐学山，等 . 园林设计 [M]. 北京：中国林业出版社，1997.

图 4-2

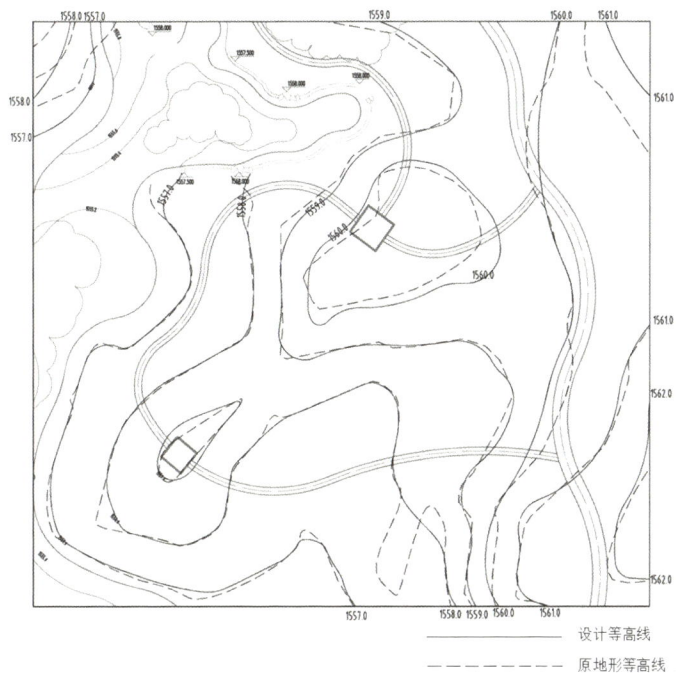

设计等高线

原地形等高线

张聪聪绘 青海大学风景园林 2013 级硕士研究生 指导老师：韩秀茹

图 4-3

北京百绘创景景观设计事务所

图 4-4

4.1.2 水体表现

1）静态水景的表现方法

①画面中常以有节奏的平行排列的短直线来表达平静的水面(图 4-5），并清晰地刻画岸边景物的倒影。完整的倒影上留出横向的条条反光更能表达出水面的特征（图 4-6）。

②水面上的倒影不能简单地与岸上的景物形象完全对称。注意倒影的视点是由水面往上看，因此看到较多的是景物底部。

赵璐临摹 青海大学城规 2016 级 指导老师：韩秀茹

图 4-5

韩秀茹临摹

图 4-6

2）动态水景的表现方法

水与岸交界、跌水跌落处等常以留白来区分，浪花也常用白色的点来表示，增强流水奔腾跳跃的感觉（图4-7）。

李生秀绘 青海大学城规 2017 级 指导老师：韩秀茹

图 4-7

4.2 植 物

4.2.1 种植形式

1）片状／块状

指成片成面型布局的密林、草坪类型。密林与草坪构成植物景观中最强的虚实对比关系。密林通过开阔草坪的衬托才更突出其密，草坪通过密林的掩映才更见其疏。

2）线状

指园界树、行道树、园路树、湖岸树等。种植先满足功能要求，如园界树可以进行视线遮挡，使得绿地从喧闹的城市中分离出来；行道树可以满足最基本的遮阴效果，尤其在道路绿化中行道树是最重要的骨架树种。公园内部的园路树其本质也是行道树的一种。规则式园林中多数乔木成排成行栽植，而自然式园林中往往结合道路、湖岸、地形进行种植，从平面上看不规则、不等距、不列队。

3）点植／孤植

单株姿态优美、树形高大、具有独特观赏价值的树的种植。可用于小区入口、景点入口处形成对景，也可用于公园内平坦空旷的草坪上供游人观赏。

4.2.2 表现方法

设计图纸中，树形多种多样，因此选择的植物图例也多种多样。在方案设计总平面图中，通常选择简单的植物图例，用以表达空间围合关系。在局部放大平面图中，通常选择线型比较丰富的植物图例，这样会丰富图面，增强图面美感。立面树的画法可以概括为写实和抽象两种。无论写实还是抽象，树的分枝方式对树形特征起着至关重要的作用。如阔叶树可用成片的面来表现树叶，针叶树多用短线排列表现树叶。

1）乔木的表现方法

（1）乔木的平面画法

乔木的平面表示通常以树干位置为圆心、树冠平均半径为半径画圆，再加以枝叶抽象表现（图4-8）。在方案设计阶段，总平面图中通常选择外轮廓为圆形的植物图

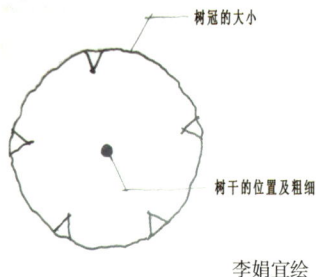

李娟宜绘

图4-8

例，虽然严格按照俯视图来投影，树木姿态千差万别，但是为了图面的统一，我们通常将乔木外轮廓取近似为圆形，圆形内部再通过不同的分枝方式区别不同种类，并用加上斜线的轮廓型表示常绿树（图4-9）。当表示几株相连的相同树木的平面效果时应互相避让，使图面形成整体；当表示成群树木的平面时可连成一片；当表示成片树木的平面时可只勾勒林缘线。

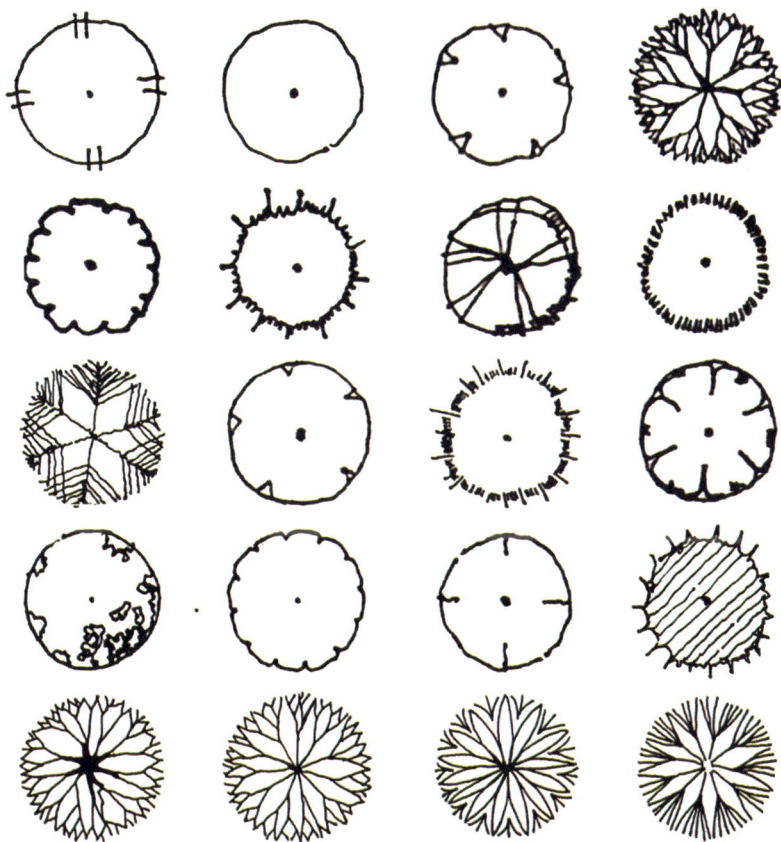

赵璐临摹 青海大学城规 2016 级 指导老师：韩秀茹

图 4-9a

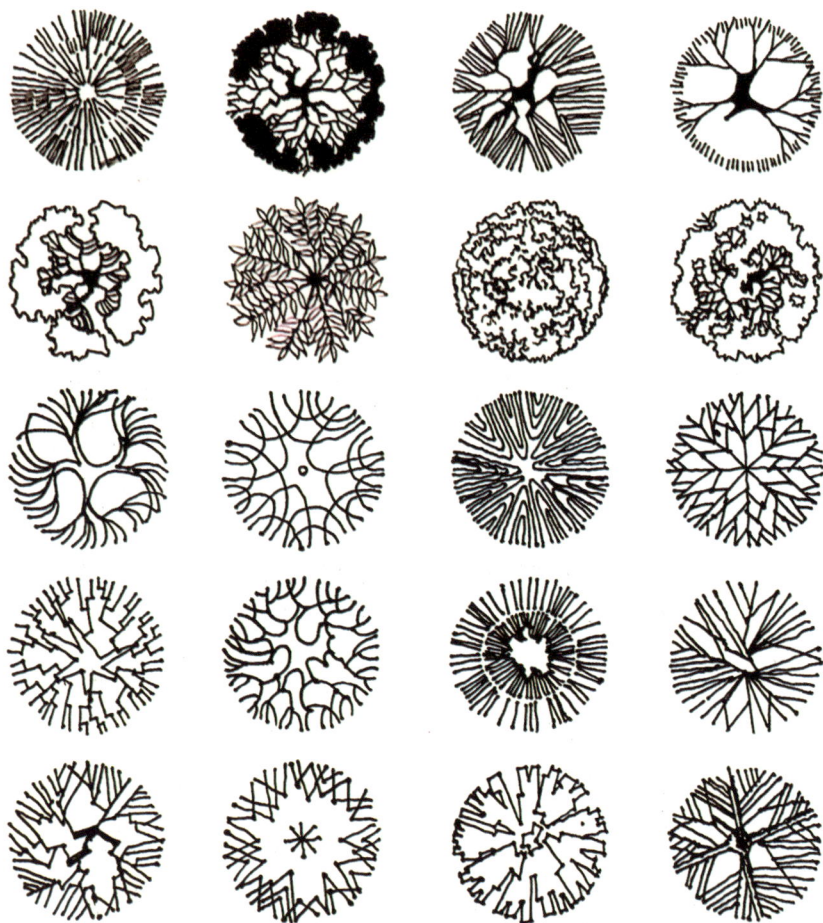

赵璐临摹 青海大学城规 2016 级 指导老师：韩秀茹

图 4-9b

对于成片的乔木，图 4-10 清晰地表达了中间空余处的由来，即由相邻树冠相切形成。因此，同学们今后画完成片乔木的轮廓，感觉画面太空，需要补充一些这样的填充时，就可以有的放矢了。

利用植物来围合空间，才会使植物作为有效的画面要素，增强画面美感。如图 4-11 所示，植物有效地围合了建筑周围的空间，使得画面整体上形成"密不透风"与"疏可跑马"的强烈对比，各片林组团顾盼呼应、相得益彰。在邻近片林处适当不规则点植（图 4-12）单株乔木，可使画面灵活生动，更贴近自然。

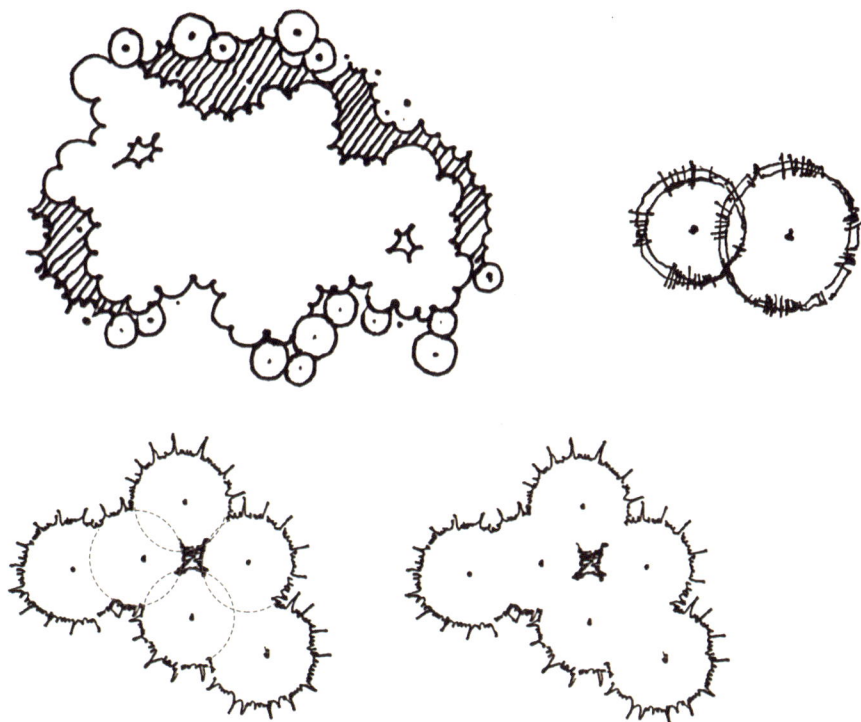

赵璐临摹 青海大学城规 2016 级 指导老师：韩秀茹

图 4-10

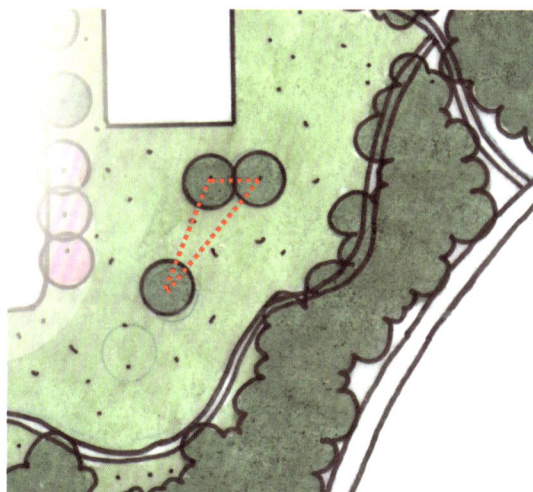

韩秀茹绘

图 4-11

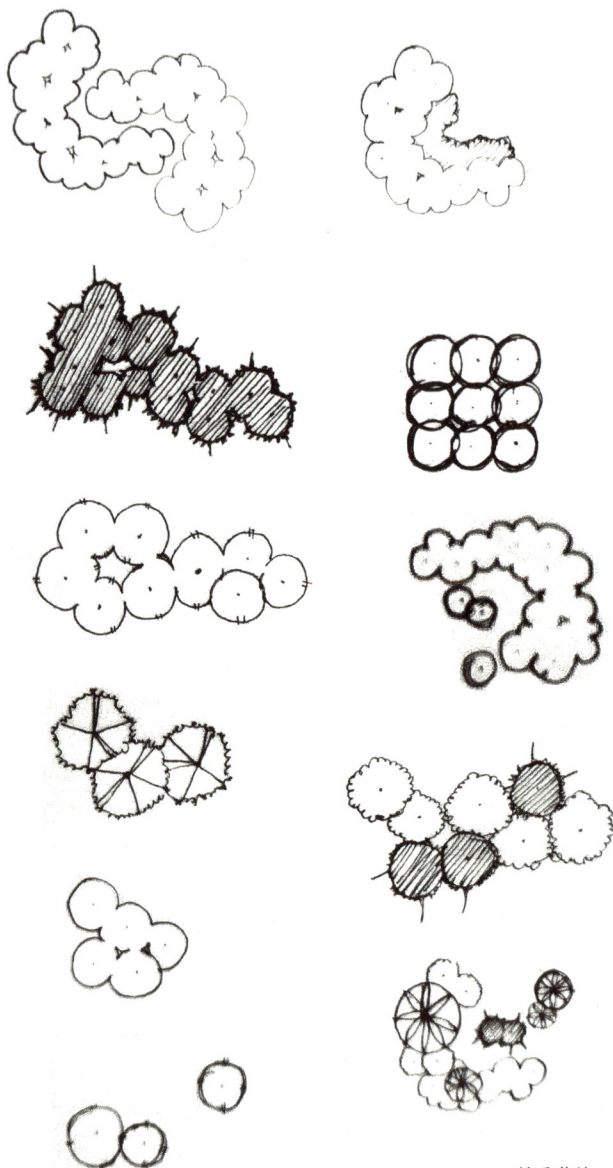

韩秀茹绘

图 4-12

（2）乔木的立面画法

乔木的立面表示方法可分为轮廓型画法、分枝型画法和质感型画法等几大类型，但有时并不十分严格。乔木的立面表现形式有写实的，也有图案化的或稍加变形的，其风格应与乔木平面和整个图面相一致（图 4-13）。

赵璐临摹 青海大学城规 2016 级 指导老师：韩秀茹

图 4-13a

赵璐临摹 青海大学城规 2016 级 指导老师：韩秀茹

图 4-13b

赵璐临摹 青海大学城规 2016 级 指导老师：韩秀茹

图 4-13c

赵璐临摹 青海大学城规 2016 级 指导老师：韩秀茹

图 4-13d

2）灌木和地被的表现方法

灌木是指没有明显的主干的木本植物，通常比较矮小，种类繁多，园林景观中应用较广。自然式栽植的灌木丛平面形状多不规则，修剪的灌木和绿篱的平面形状多为规则式的各种几何形体。自然式栽植的灌木其平面表现方法与乔木类似，只是冠幅较乔木小；修剪的绿篱、色带等通常既要表现出其几何形状，又要表现出其作为植物的柔软质感（图4-14）。

3）草坪的表现方法

人工草坪规则平整，平面图中宜用点或短线来表达。用点表达时，靠近物体的区域点密集一些，空旷的草坪区域点稀疏一些（图4-15、图4-16），这样画出来的图纸既对比鲜明又协调统一（图4-17）。

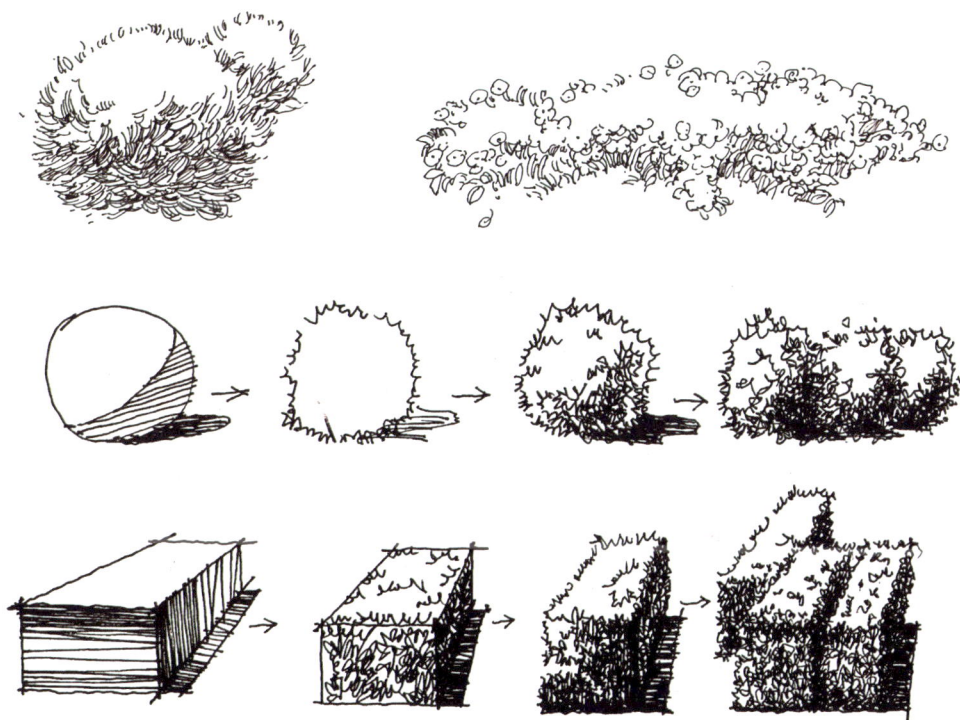

赵璐临摹 青海大学城规 2016 级 指导老师：韩秀茹

图 4-14

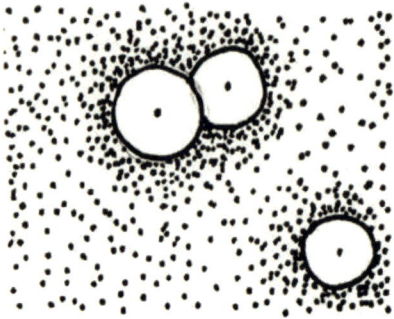

赵璐临摹 青海大学城规 2016 级
指导老师：韩秀茹

图 4-15

赵璐临摹 青海大学城规 2016 级
指导老师：韩秀茹

图 4-16

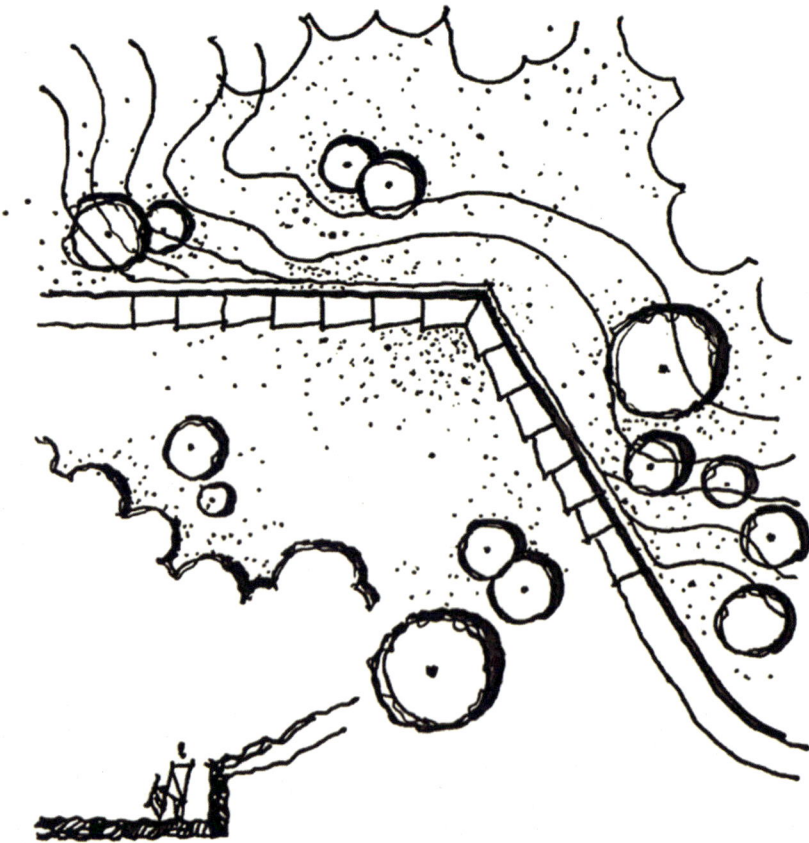

赵璐临摹 青海大学城规 2016 级 指导老师：韩秀茹

图 4-17

4.3 园林建筑的表现方法

传统的园林建筑类型有亭、台、楼、阁、塔、榭、廊等，这些建筑种类繁多、形式多样。以亭子为例，可临水而建，可建于岛上，也可建于山顶、山腰或林中平地。从建筑物外形而言，江南园林远比北方皇家园林轻巧、纤细、玲珑剔透，北方园林则比较粗壮、朴拙、厚重。例如，南方江南园林翼角起翘很跷曲，北方则很平缓。此外，还有很多细部差异。因此，在规划设计中要充分考虑地域差异，选择符合地域特征的园林建筑。

4.3.1 园林建筑平面表现方法

1）平顶法

平顶法即画出建筑屋顶，可清楚分辨出建筑顶部形式，如谐趣园平面图（图4-18）。

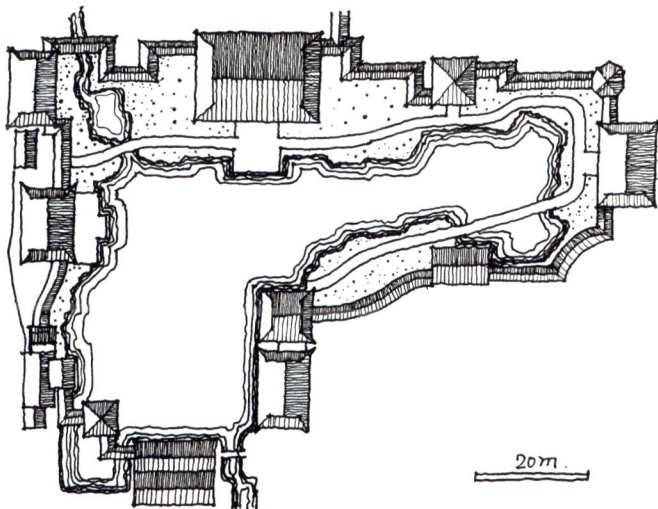

赵璐临摹 青海大学城规 2016 级 指导老师：韩秀茹
图 4-18

2）涂实法

涂实法即平涂于建筑物之上，以便分析建筑空间的组织，辨清建筑和场地的关系，适用于功能分析图。

3）剖平面法

剖平面法适用于绘制大比例单体建筑，利于体现园林建筑平面布局，如窗、门等的位置。

4.3.2 园林建筑其他表现图（图4-19—图4-22）

韩秀茹绘

图 4-19

韩秀茹临摹

图 4-20

韩秀茹绘

图 4-21

韩秀茹绘

图 4-22

4.4 人物（图4-23）

李心怡绘 北华航天工业学院环艺2019级 指导老师：赵砺

图4-23

4.5 道路和广场的表现方法

　　表现图中地面的概念较宽泛，包括与地球表面基本平行的所有物质形态。本书主要讲的是各种道路、广场等铺装场地。景观设计中的许多自然和人工景物都以地面为承载体（图4-24—图4-26）。

　　以钢笔表现地面时，可根据自然材料和人工材料的形态特征来用笔。自然形成的地面比较粗糙，形态大多不规则，宜用自由的徒手线来表达；而人工构筑的道路、广场等，形态规则而平整，可借用直尺来表达（图4-27）。

北京百绘创景景观设计事务所

图 4-24

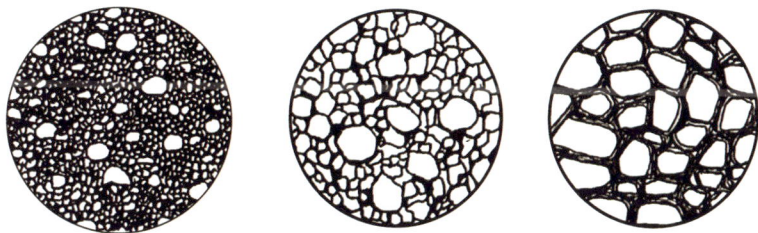

赵璐临摹 青海大学城规 2016 级 指导老师：韩秀茹

图 4-25

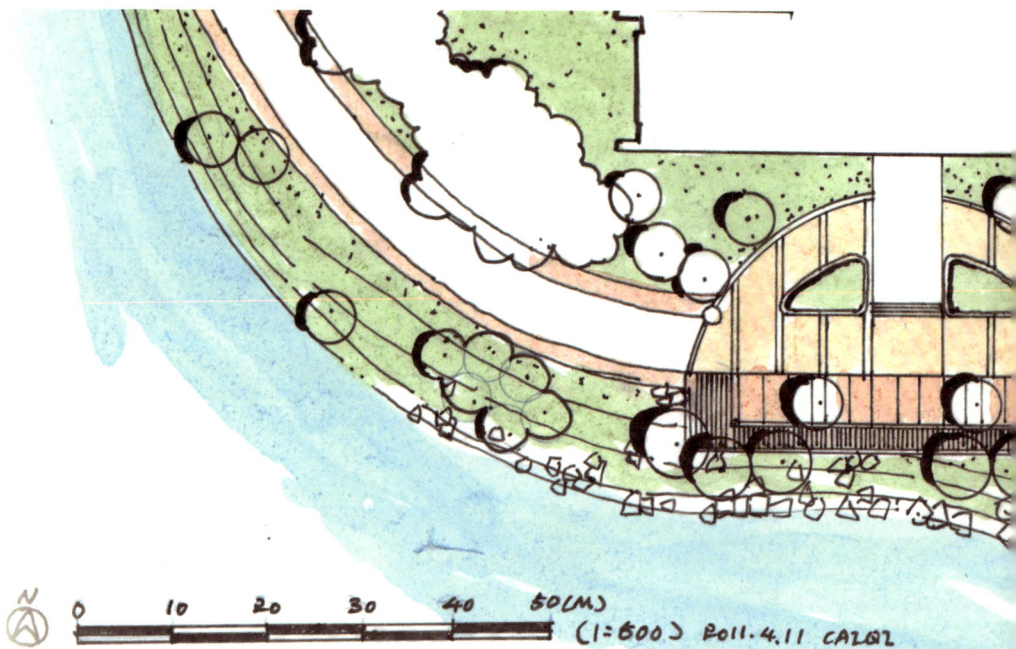

N

0   10   20   30   40   50(M)

(1:600) 2011.4.11 CAZQ2

图 4-26

北京百绘创景景观设计事务所

陈舒绘 青海大学城规 2016 级 指导老师：李娟宜

图 4-27

4.6 部分园林小品及其他配景

4.6.1 山石

1）山石的平面画法

我国自然山水园林多有"无园不山、无园不石"的特点。山石和水相互映衬、环绕，极大地增强了自然山林之趣。常见的山石种类有太湖石、黄石、青石、石笋、卵石等。由于山石材料的质地、纹理等不同，其表现方法也不同。绘制山石时注意按"石分三面"的原则勾画石块的左、右、上三个面，使石块具有立体感（图4-28、图4-29）。此外，结合不同类型石材的纹理特征绘制会更加形象。如图4-30所示，用线条勾勒时轮廓线要粗些，内部纹理线可用较细、较浅的线条绘制。不同的石块其纹理不同，有的圆浑，有的棱角分明，在表现时应采用不同的笔触和线条。

韩秀茹绘

图 4-28

韩秀茹绘

图 4-29

赵璐临摹 青海大学城规 2016 级 指导老师：韩秀茹

图 4-30

置石在园林中的应用常有以下几种类型：

（1）景石

通常放在对景或者透景的视觉焦点，也可作为入口标识使用。

（2）山石驳岸

驳岸中山石的堆砌，要注意主次分明，顾盼呼应。切忌体量大小相当的山石并列堆砌，应做到大小搭配，远近呼应（图 4-31、图 4-32）。

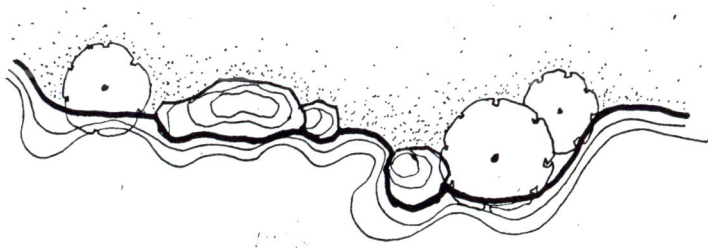

韩秀茹绘

图 4-31

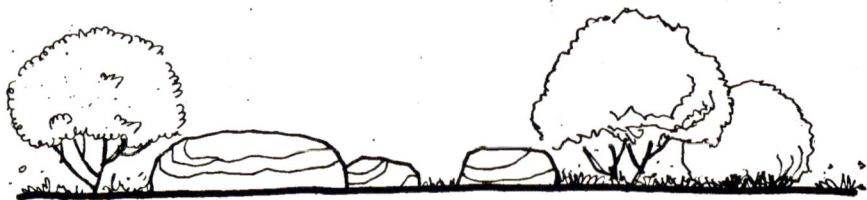

韩秀茹绘

图 4-32

2) 山石的立面画法

山石立面图的画法与平面图基本一致。

4.6.2 其他配景

在立面图和效果图中，天空是必不可少的要素。绘制天空前，可以先用铅笔大致勾勒出白云的轮廓，也就是画面中留白的区域。勾勒时，面积、间距尽量不要相同，以免显得呆板。初学者绘制天空时，若对马克笔的使用不熟练，可使用彩铅，注意彩铅的线条排列，局部可以用马克笔加深（图4-33—图4-39）。

周懿员绘 青海大学城规 2016 级 指导老师：李娟宜

图 4-33

赵璐绘 青海大学城规 2016 级 指导老师：李娟宜

图 4-34

陈舒绘 青海大学城规 2016 级 指导老师：李娟宜

图 4-35

赵璐绘 青海大学城规 2016 级 指导老师：李娟宜

图 4-36

郝仕谓绘 青海大学城规 2017 级 指导老师：李娟宜

图 4-37

王雨润绘 青海大学城规 2016 级 指导老师：李娟宜

图 4-38

赵璐绘 青海大学城规 2016 级 指导老师：李娟宜

图 4-39

第 5 章

总平面图的表现方法

5.1 城市规划尺度

5.1.1 居住区总平面图（图 5-1）

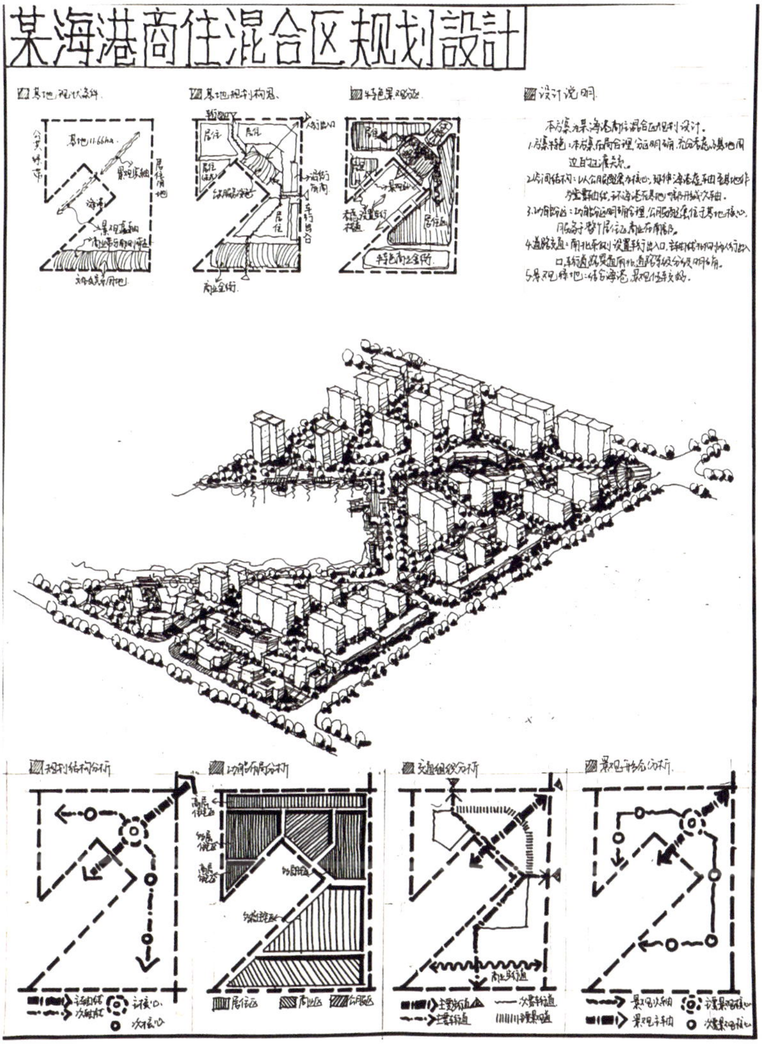

赵璐绘 青海大学城规 2016 级

图 5-1a

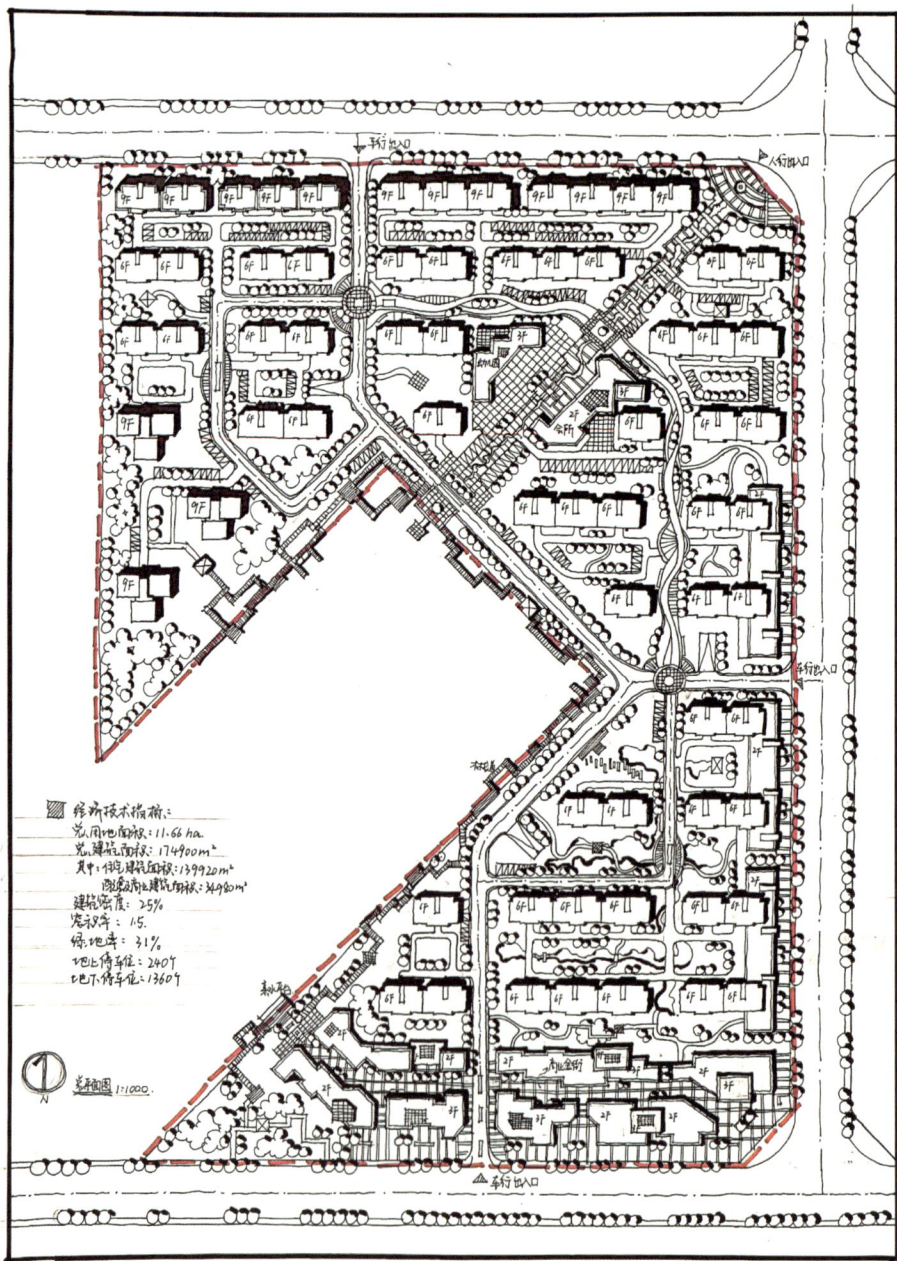

经济技术指标：
总用地面积：11.66 ha.
总建筑面积：17400 m²
其中：住宅建筑面积：139920 m²
商业及商业建筑面积：34980 m²
建筑密度：25%
容积率：1.5.
绿地率：31%
地上停车位：240个
地下停车位：1360个

总平面图 1:1000.

赵璐绘 青海大学城规 2016 级

图 5-1b

5.1.2 校园平面图（图 5-2）

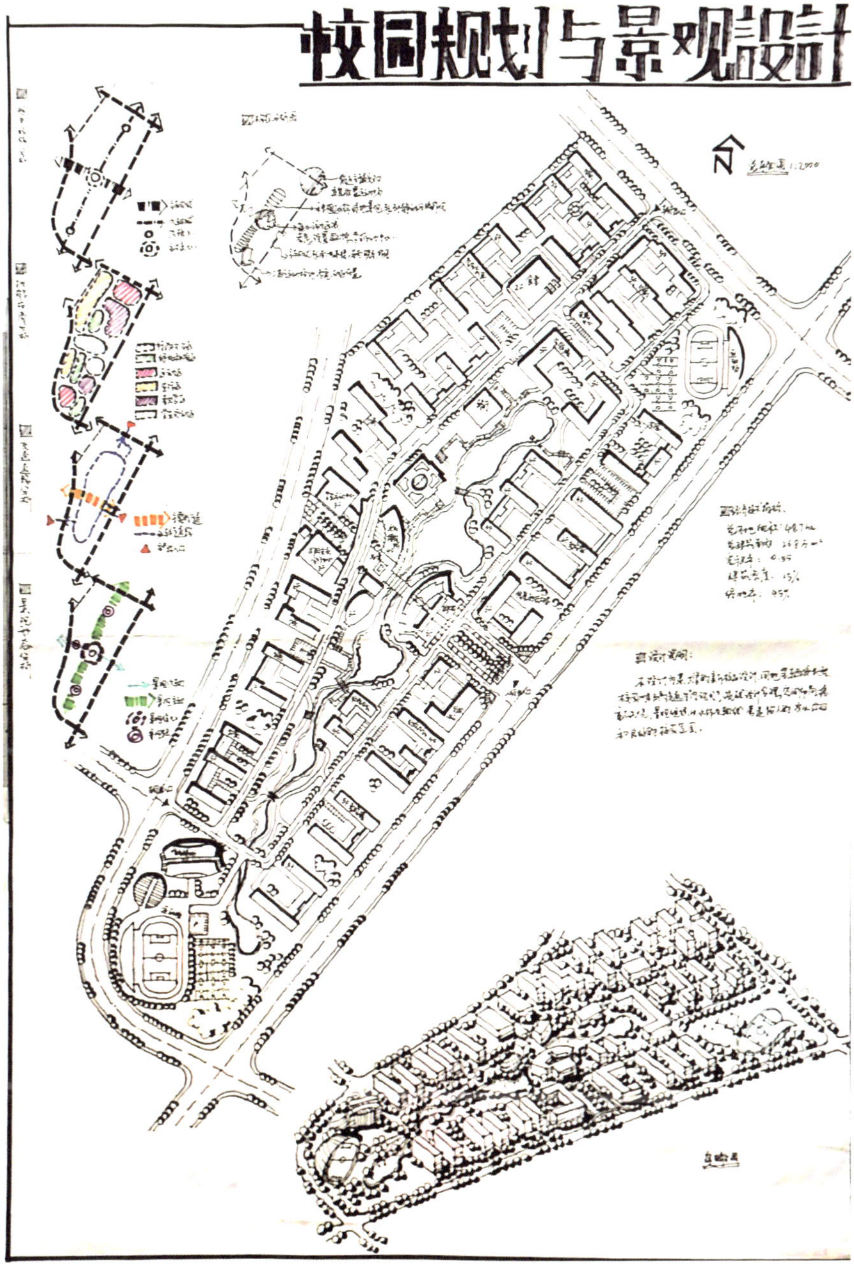

赵璐绘 青海大学城规 2016 级

图 5-2

5.1.3 商业区（图 5-3）

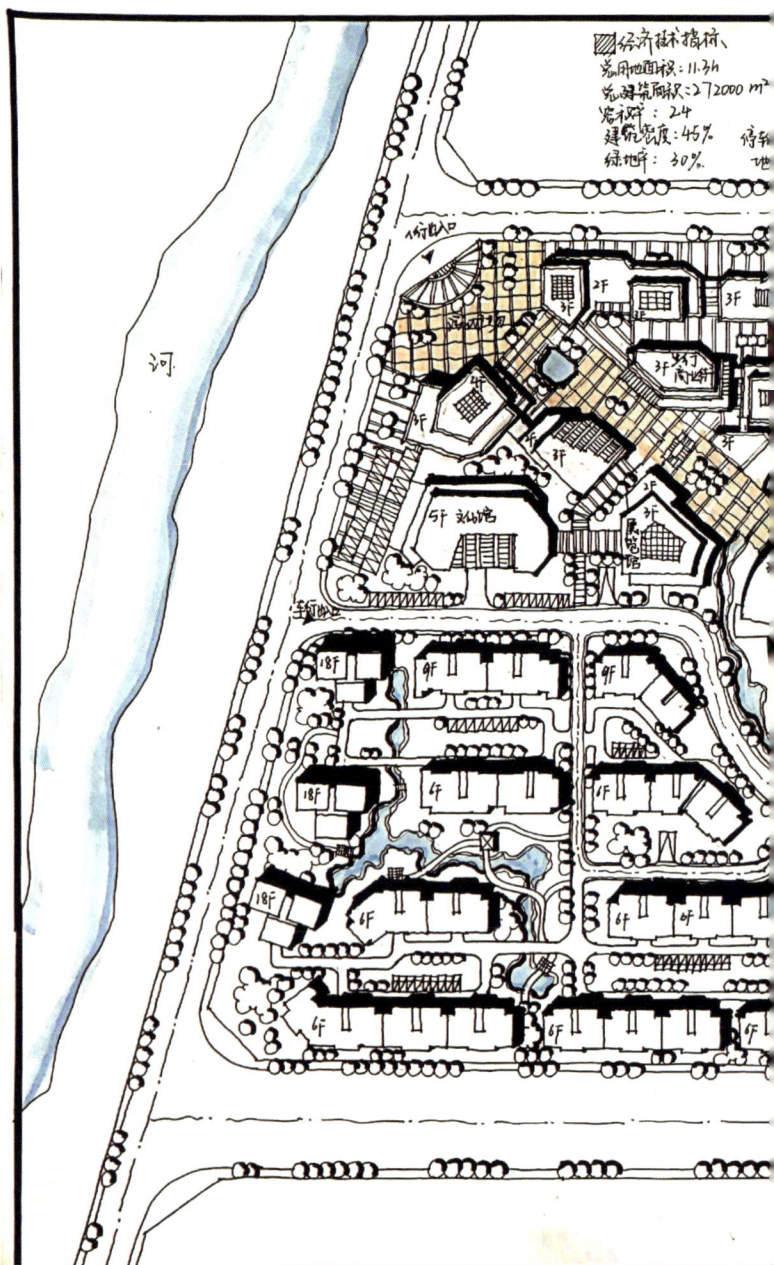

经济技术指标、
总用地面积：11.3h
总建筑面积：272000 m²
容积率：24
建筑密度：45%   停车
绿地率：30%   地

河

停车入口

3F
3F
3F
商业街
3F
4F

5F 文化馆

5F 展览馆

车行出入口

18F
4F
4F

18F
6F
4F

18F
6F
6F

6F
6F
6F

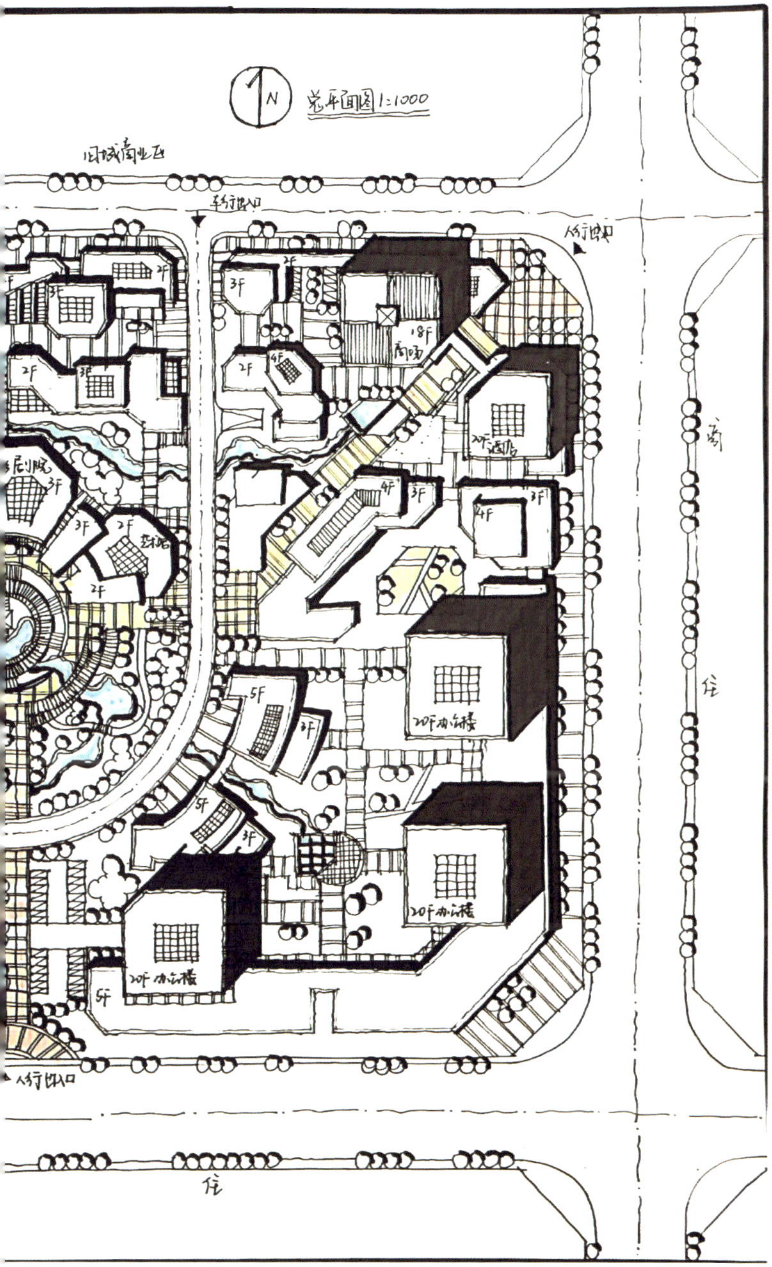

总平面图1:1000

旧城商业区

剧院

人行出入口

住

住

赵璐绘 青海大学城规 2016 级

图 5-3a

华东地区某城市中心地块规

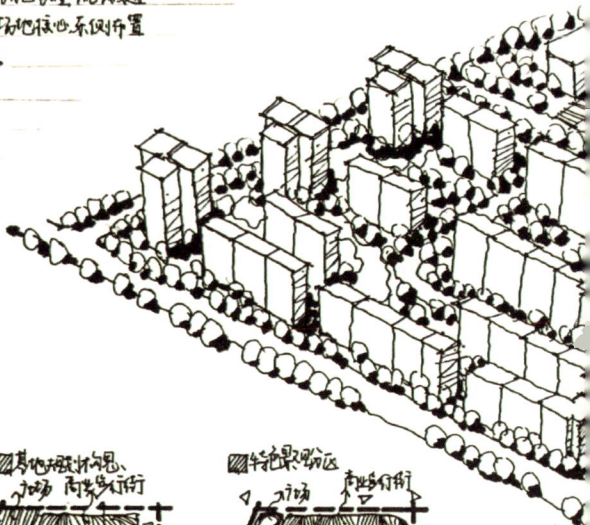

设计说明:

　　为某基地位于城市中心地区,地块内地形平坦,用地性质以居住、商业、办公、社娱乐、休闲为主。基地非都分用现状建筑,设置步行街,同则考虑灵动的河流景观。功能分区合理,流线通畅通,活动广场位于西南侧,连通到规划会场地核心,东侧布置高居办公、酒吧,具有良好的形象展示功能。

■ 基地现状条件

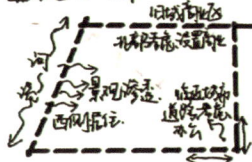

■ 基地规划构思

■ 特色聚聚区

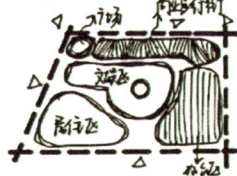

■ 规划结构分析

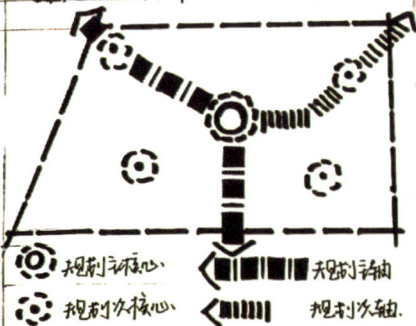

● 规划主核心　● 规划次核心　◀ 规划主轴　◀ 规划次轴

■ 功能布局分析

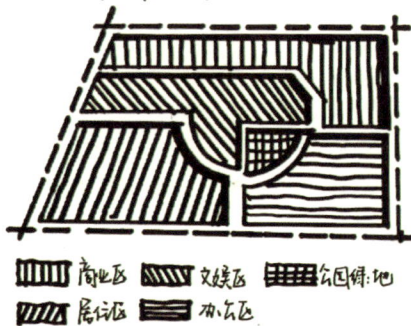

商业区　文娱区　公园绿地　居住区　办公区

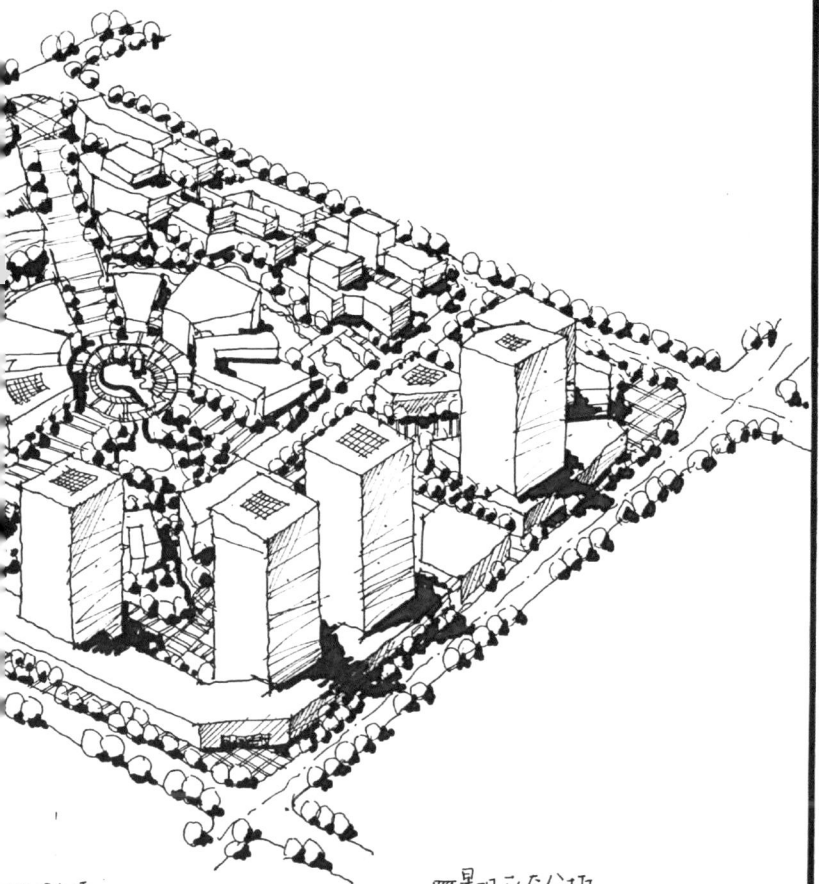

設計

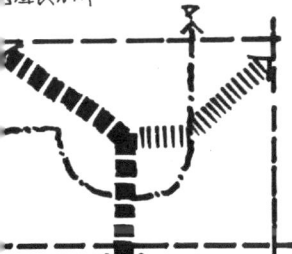

組织分析

行政路   →车行道路
的路   △出入口

景观形态分析

景观轴线   主要景观点
河流水系   次要景观点

赵璐绘 青海大学 城规 2016 级

图 5-3b

5.1.4 中心区规划总平面图（图 5-4）

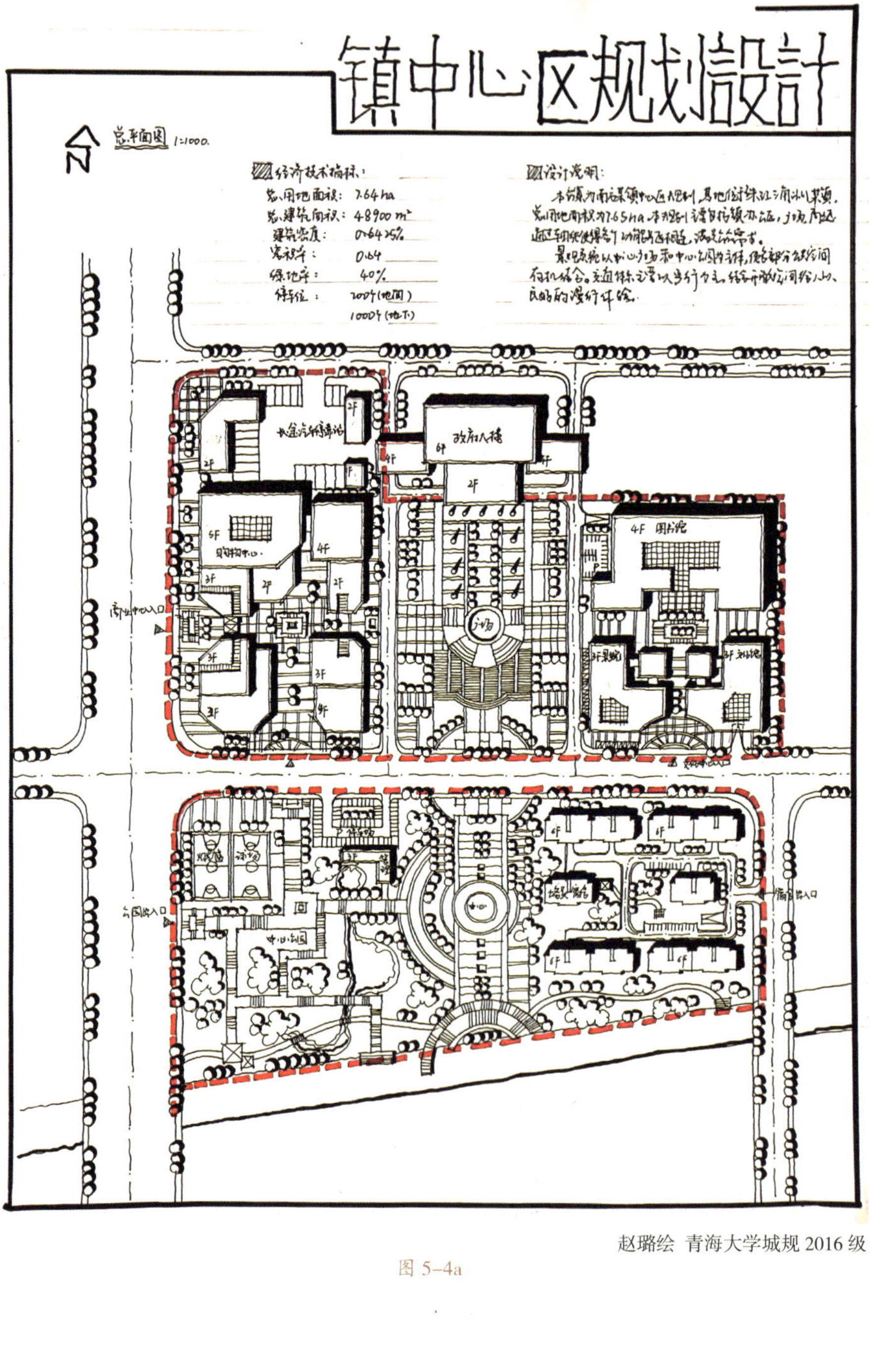

图 5-4a

赵璐绘 青海大学城规 2016 级

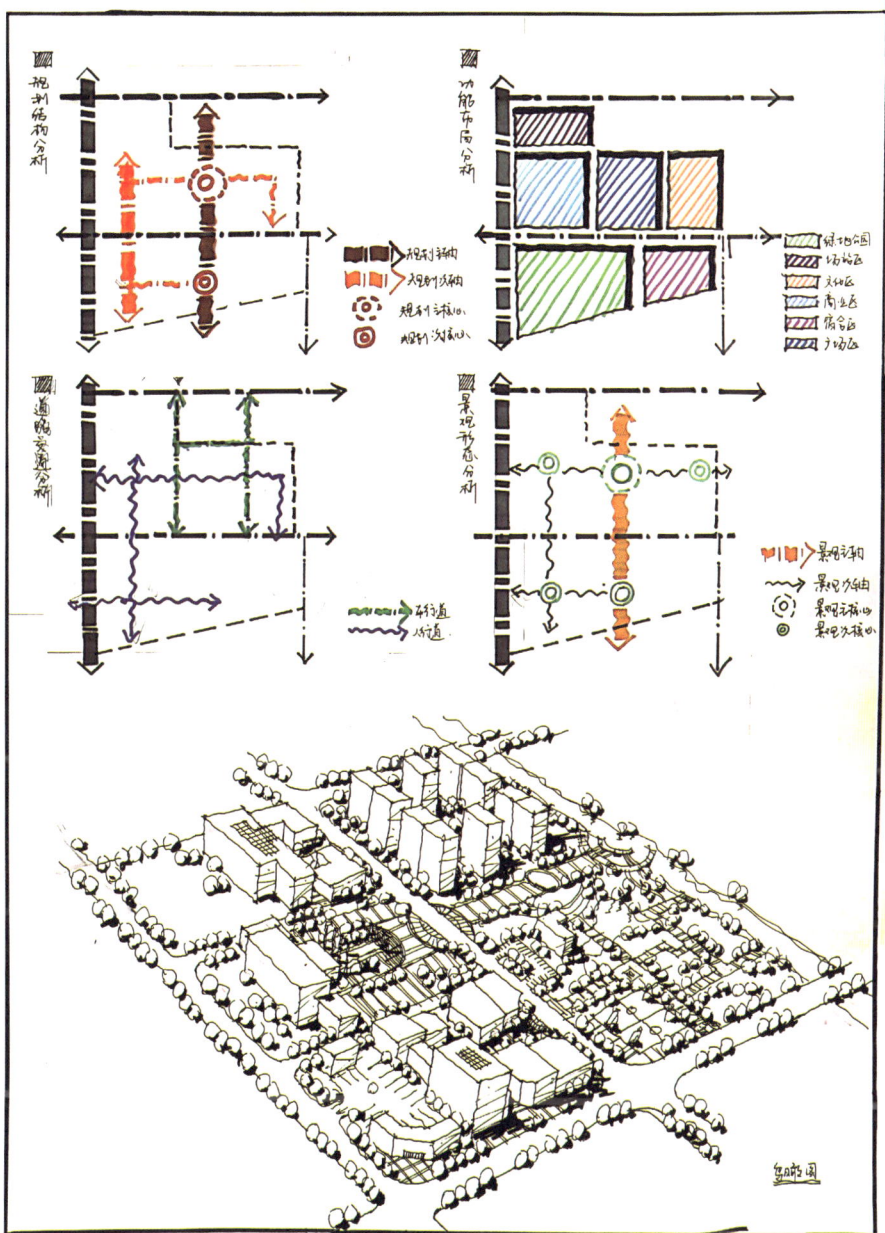

图 5-4b

赵璐绘 青海大学城规 2016 级

5.1.5 滨水地块总平面图（图5-5）

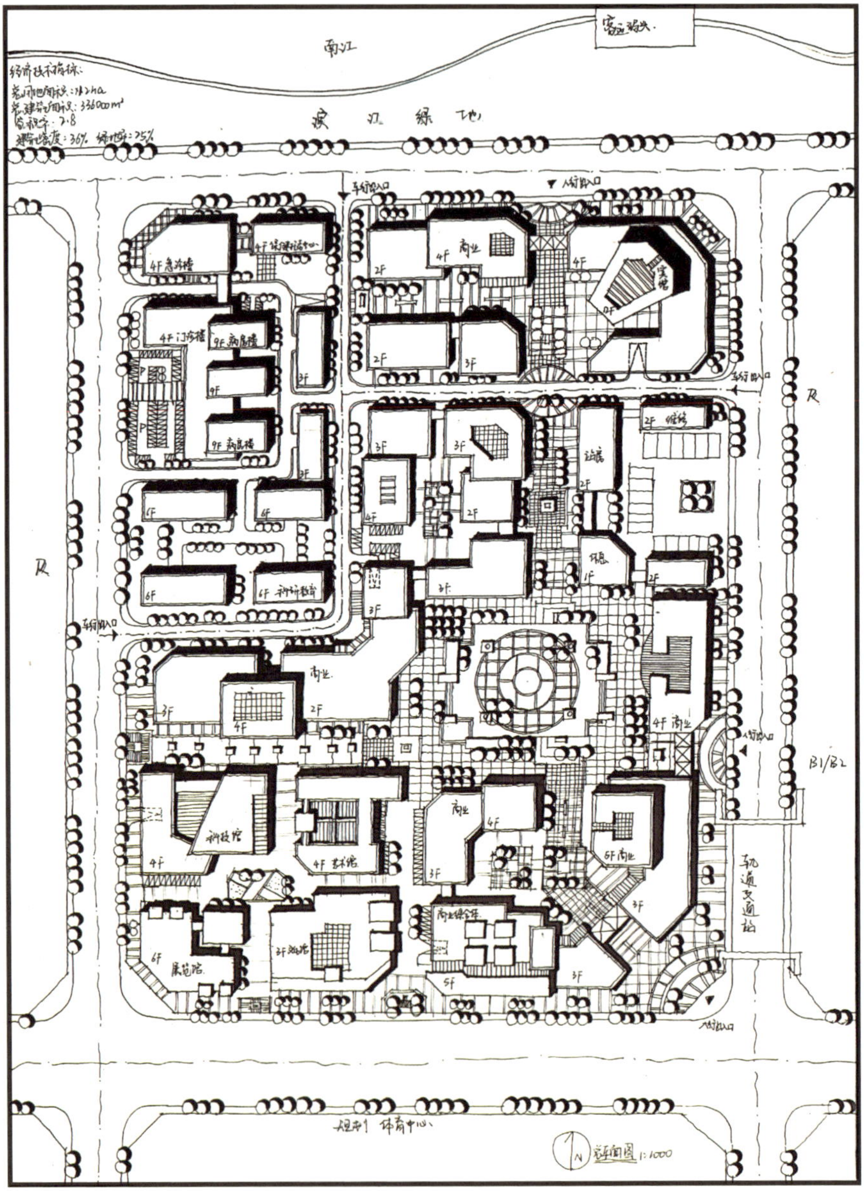

赵璐绘 青海大学城规 2016 级

图 5-5a

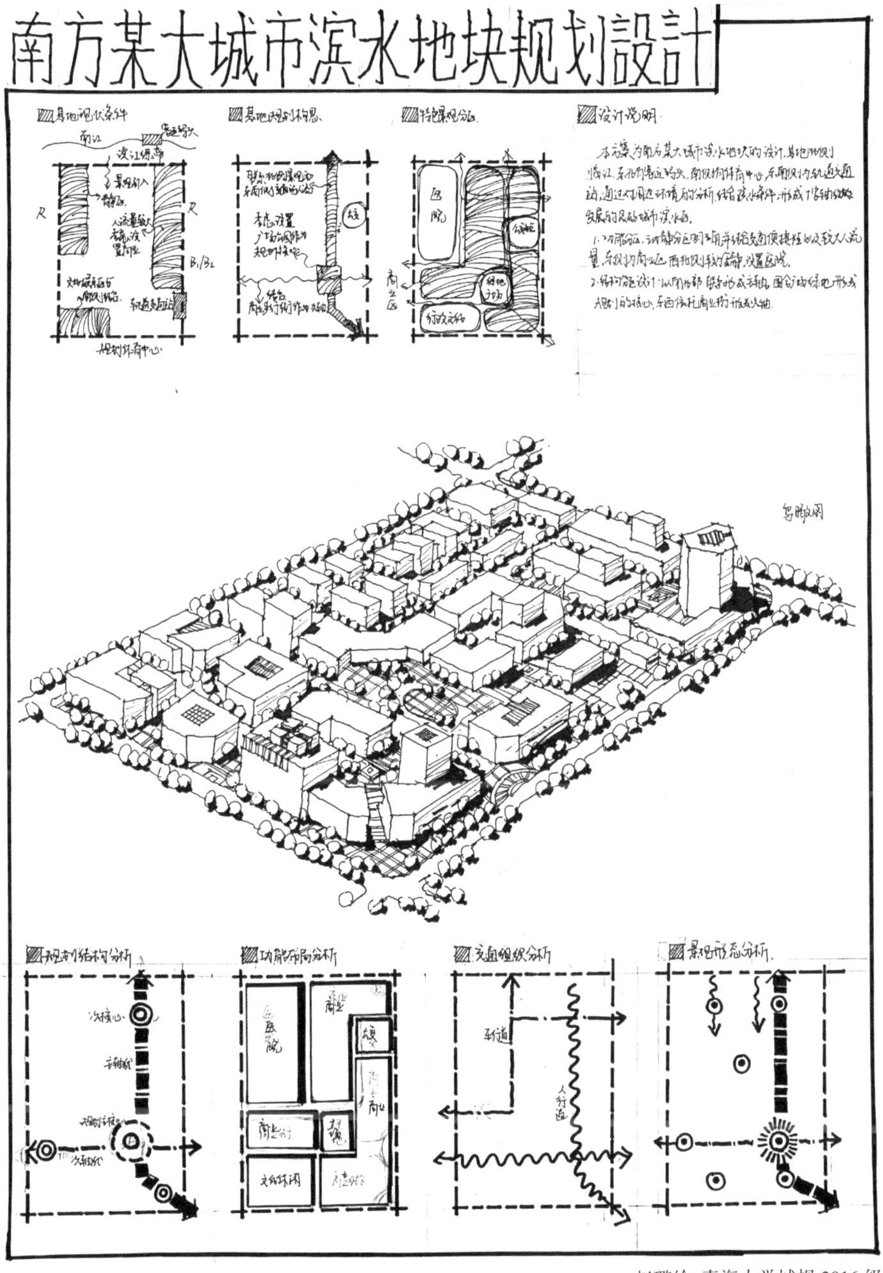

南方某大城市滨水地块规划設計

图 5-5b

赵璐绘 青海大学城规 2016 级

5.2 风景园林尺度

5.2.1 景观方案设计阶段

1）概念设计

①根据场地性质和特点，通过实地调研，与甲方进行充分的沟通，确定景观风格。

②进行功能分区，合理安排各地块。

③进行交通分析，确定主要路网和出入口。

④确定大体竖向关系和山水关系。

⑤分析主要景观轴线和景观节点位置并布局。

⑥合理安排各种辅助设施。

⑦对照明和给排水进行规划。

2）方案设计

①完善交通路网，出入口、广场、停车场等具体设计。

②深化竖向设计。

③细化景观轴线和节点设计，包括铺装、竖向、小品等。

④布局绿化设计，从植物层次上完善空间层次，形成疏密有致的绿化布局，确定基调树种和主要的植物种类（注意在西北地区要求常绿植物比例较高）。

⑤确定铺装设计色调和材质，提出照明灯具的样式和风格。

⑥绘制主要节点的效果图，并完善交通分析、结构分析、景观分析图等各类分析图。

3）扩初设计 / 初步设计

根据景观设计的投资金额，投资额度较大的通常要求扩初设计。扩初设计中对竖向设计、铺装设计、植物种类、小品设计中地面以上的部分都要达到施工图的深度，对水、电也要进行详细的计算。在施工图中只要补充结构做法即可。

5.2.2 景观平面图包含的内容

①设计范围线（用红色中粗点画线表示）。

②场地内建筑底层轮廓线（常用粗线表示），标清建筑名称、层数、出入口位置。

③场地内的道路布局、广场布局、地面停车场地、地下停车场的出入口。

④标明各园林景观要素（如水景、植物、园林建筑、地形、小品、山石等）的位置、范围和样式。

⑤标清设计经济技术指标、图纸比例（景观设计平面图的比例常用1：1000 ～ 1：500）和指北针。

实际工程中往往先出手绘图纸，用来和甲方沟通方案风格与设计思路。确定后再用电脑制图绘制彩屏，具体统计技术指标。

5.2.3 景观方案表达

1）居住区景观设计案例（图 5-6—图 5-9）

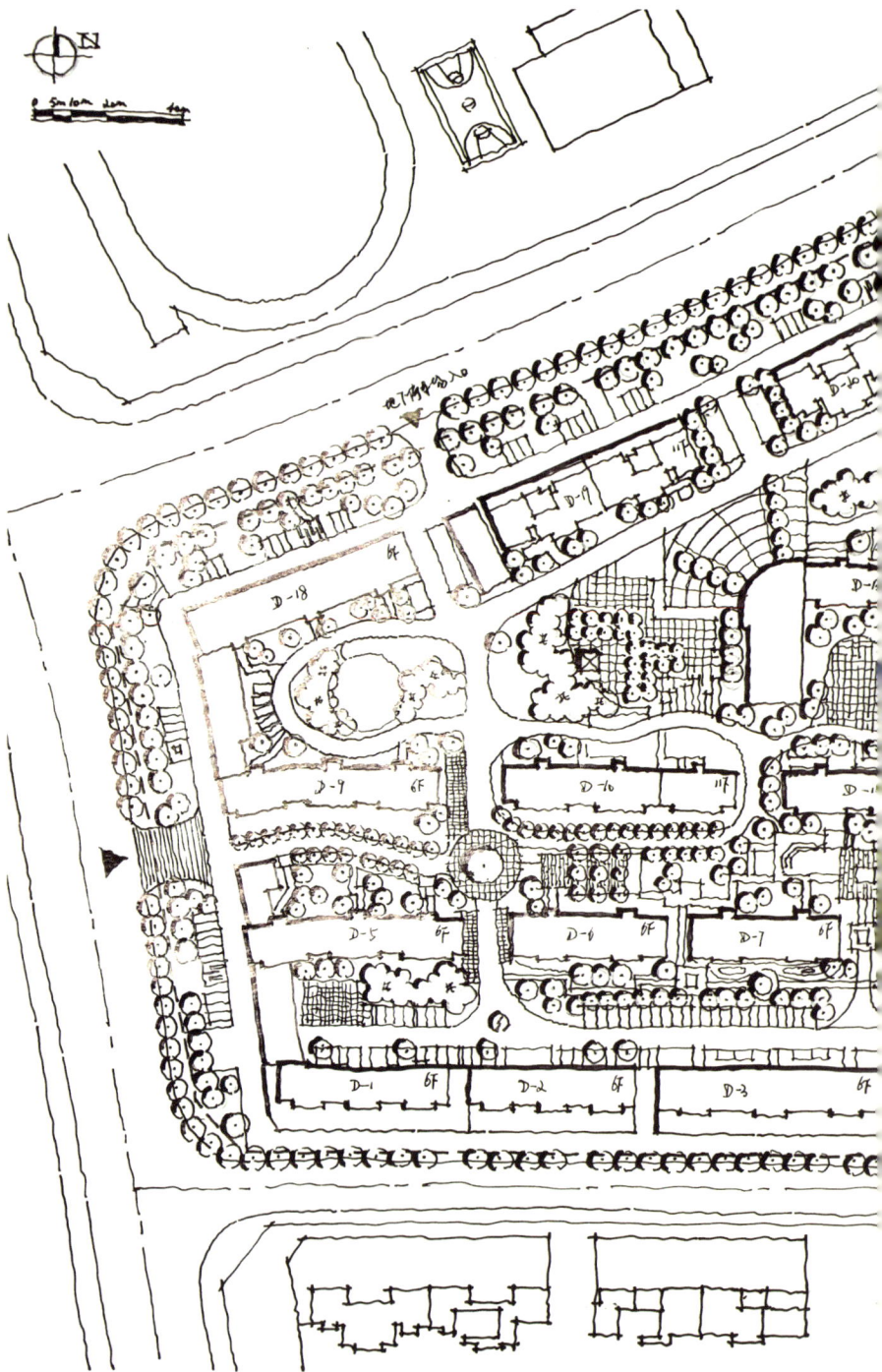

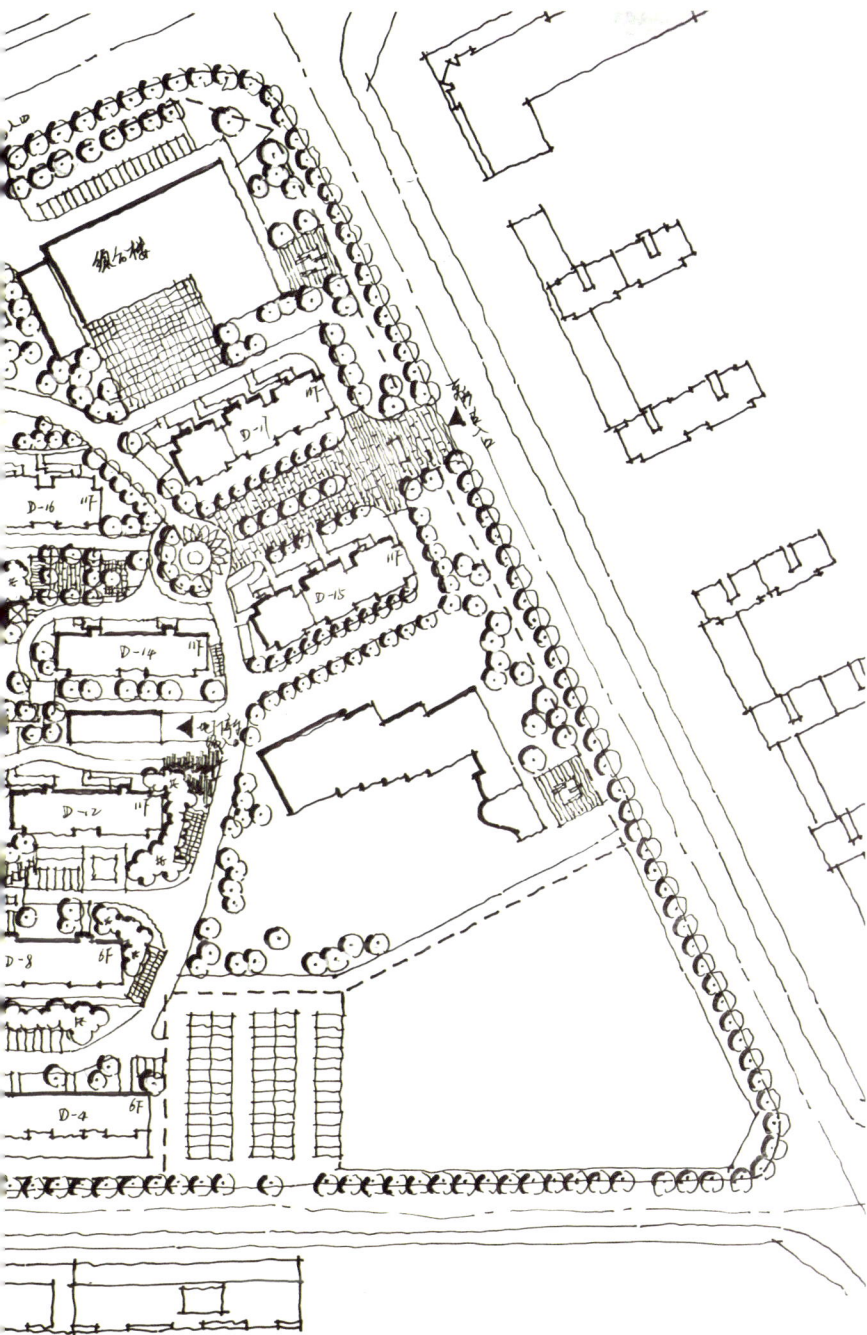

凌盼绘 青海大学风景园林 2013 级硕士研究生 指导老师：韩秀茹

图 5-6

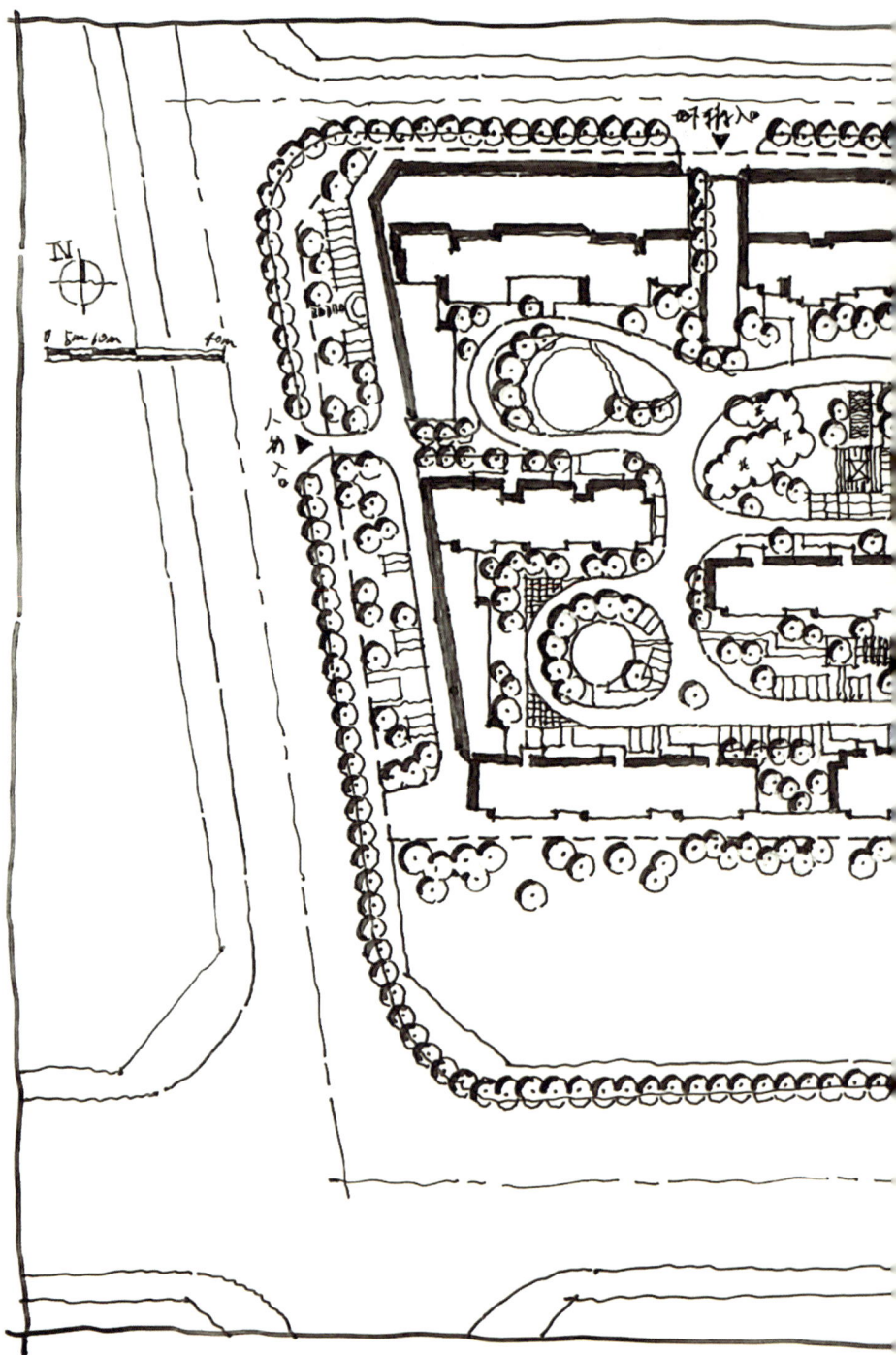

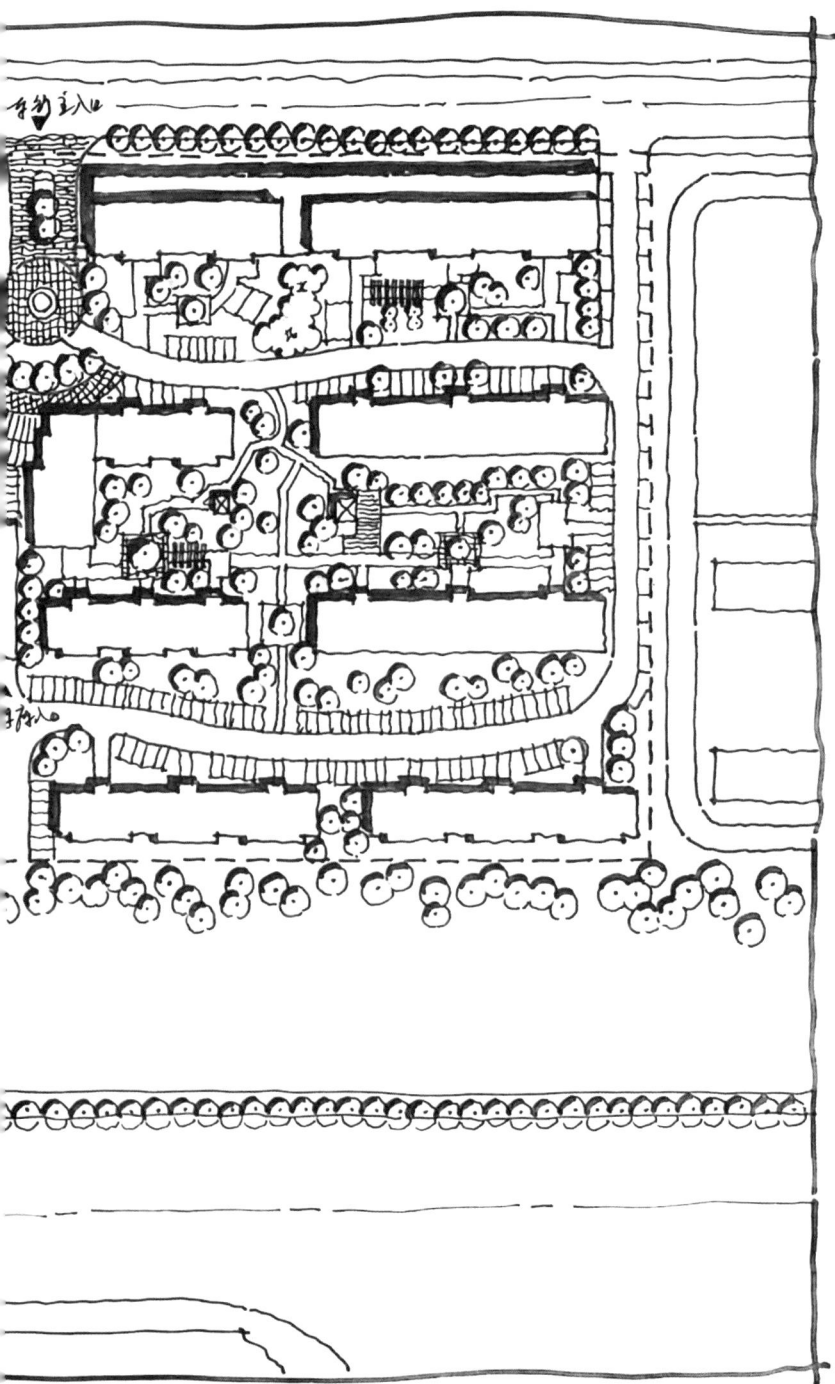

凌盼绘 青海大学风景园林 2013 级硕士研究生 指导老师：韩秀茹

图 5-7

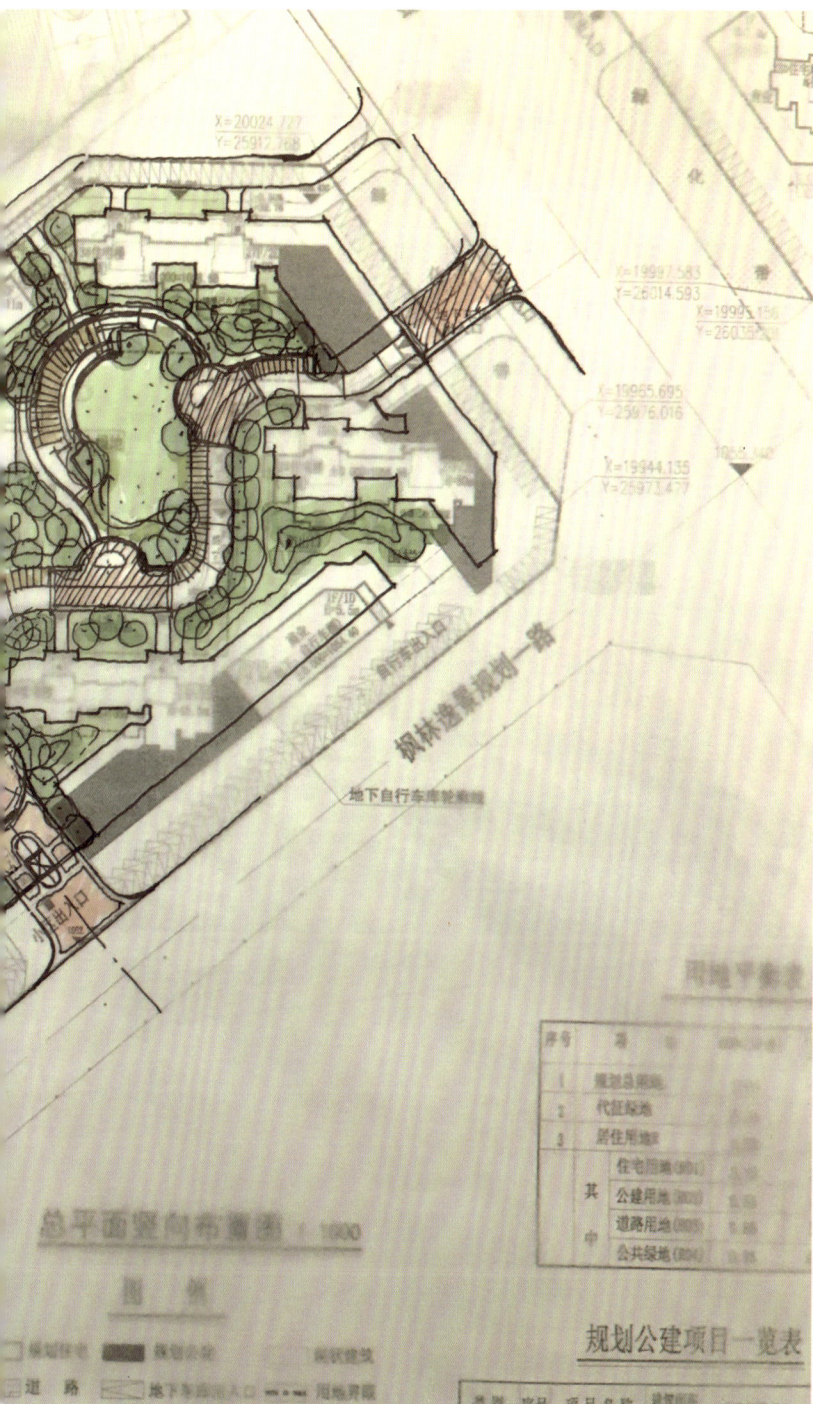

北京百绘创景景观设计事务所

图 5-8

北京百绘创景观设计事务所

图 5-9

2）小游园案例（图 5-10）

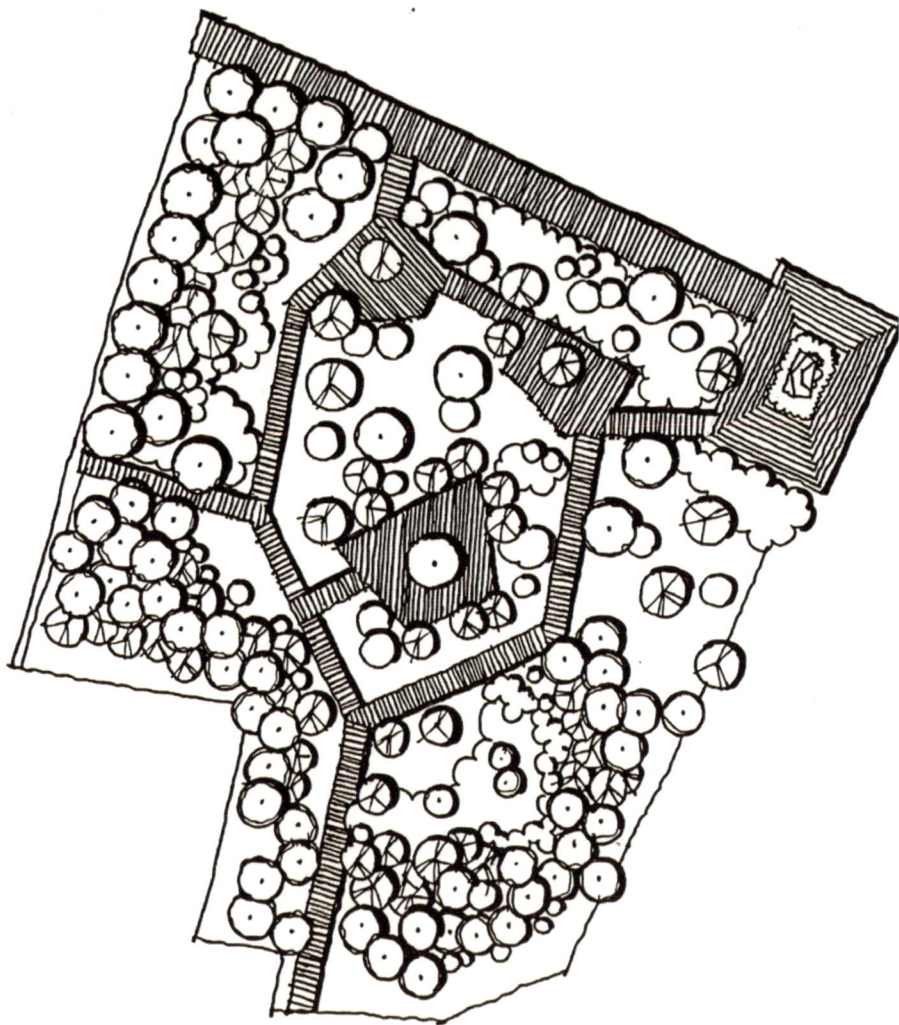

赵璐绘 青海大学城规 2016 级 指导老师：韩秀茹

图 5-10

3）滨河绿地案例（图5-11）

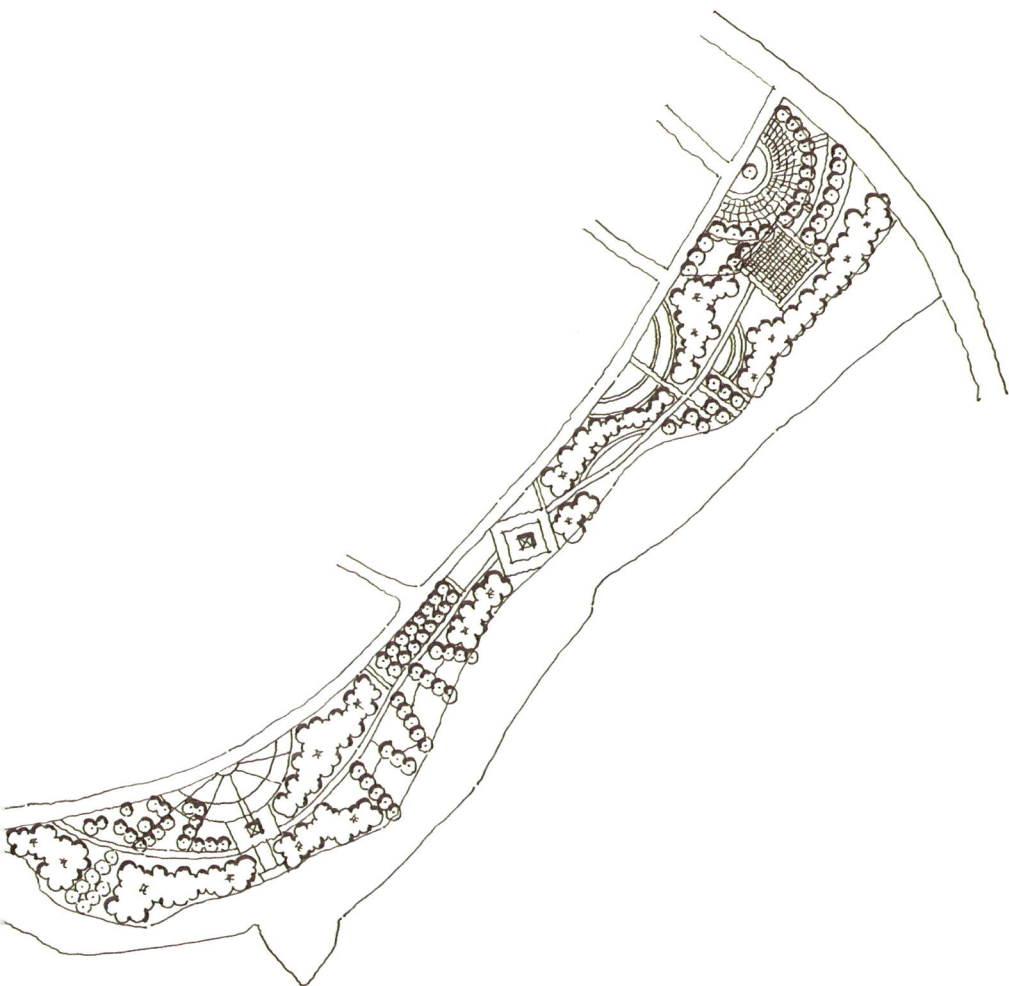

凌盼绘 青海大学风景园林2013级硕士研究生 指导老师：韩秀茹

图5-11

4）建筑外环境案例（图 5-12—图 5-14）

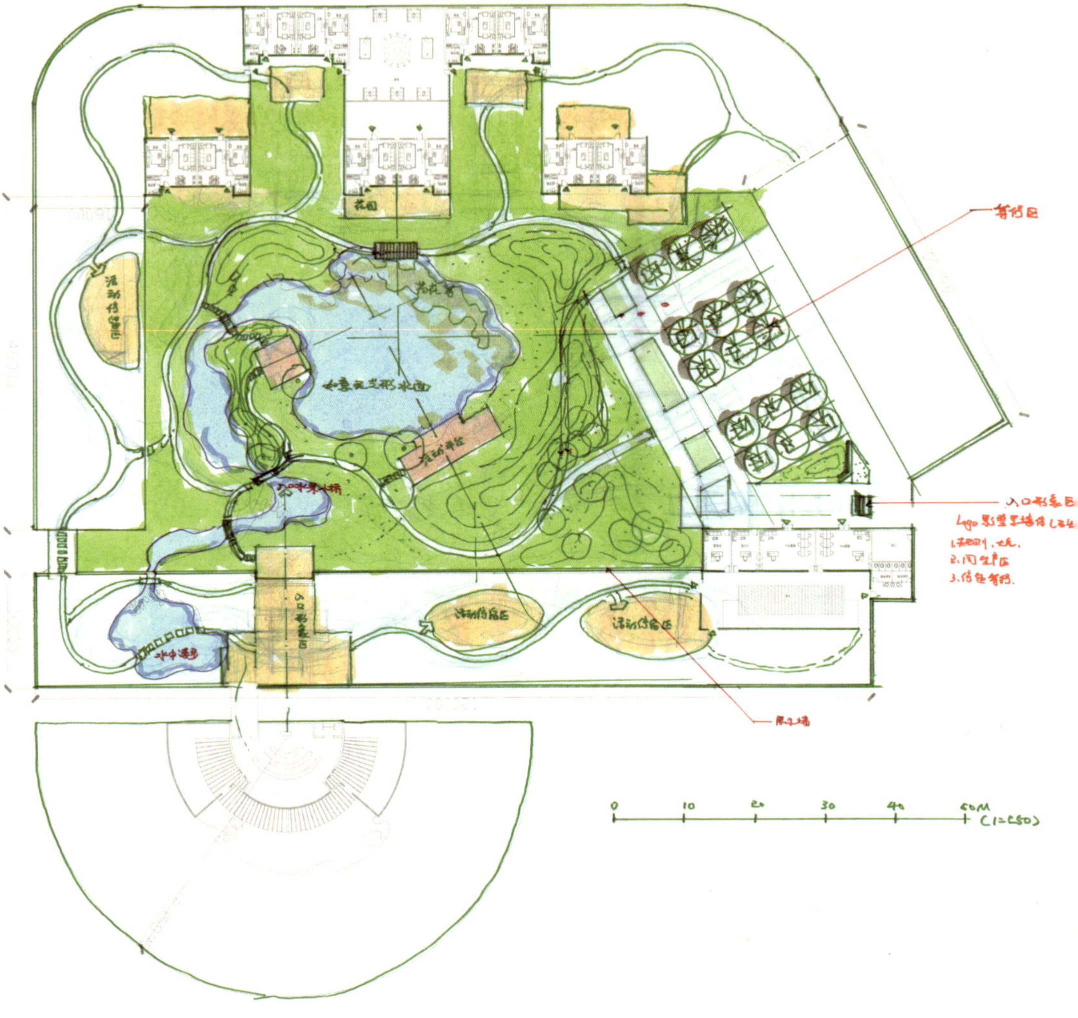

北京百绘创景景观设计事务所

图 5-12a

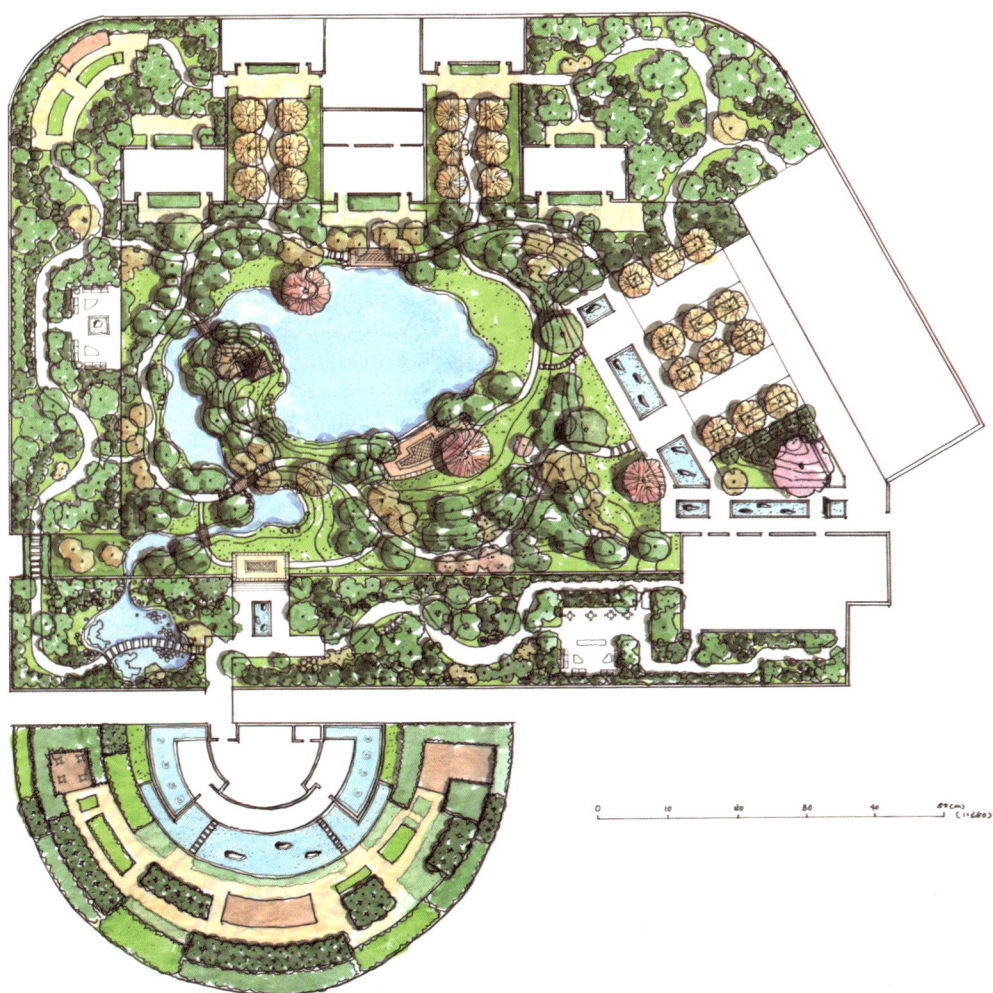

北京百绘创景景观设计事务所

图 5-12b

0 10 20 30 40 50   100(M) 1:1000

IBM培训中心的外围景观设计平面 2011.5.16

北京百绘创景观设计事务所

图 5-13

N

0   25   50   100(M)
1:1000   2011.4.8

北京百绘创景景观设计事务所

图 5-14a

北京百绘创景景观设计事务所

图 5-14b

5.3　建筑单体尺度

　　建筑设计首先应考虑总平面布局。合理的总平面布局应从以下顺序进行构思设计：

　　①结合场地环境条件进行功能分区，需要综合考虑动静关系、景观条件、交通条件等。

　　②在功能分区的基础上进行总体布局，确定建筑位置、广场、主景观、出入口等。

　　③细化建筑与交通布局，需要考虑日照、通风、防火等因素。

　　合理的建筑单体平面设计应该做到交通流线清晰、功能分区合理、平面布局合理、建筑技术选择合理。

　　绘制总平面图时，需要表达以下内容：

　　①环境：必要的周围环境。

　　②新建建筑：高度、层数、出入口位置、建筑轮廓。

　　③道路：完整的道路设计。场地内道路需要与建筑出入口、停车场、场地外道路等相连通。

　　④景观：大致表达出景观设计，对主景观应较详细地表达。

　　⑤标注：必要的符号与文字标注。

　　⑥阴影：绘制建筑物、构筑物、植物的阴影，能更好地表达总平面设计的层次关系。

5.3.1 草图设计

1）泡泡图或框框图

在场地设计与单体建筑功能分析的基础上，从泡泡图（图 5-15）或框框图（图 5-16）进行建筑平面设计的初步推演。

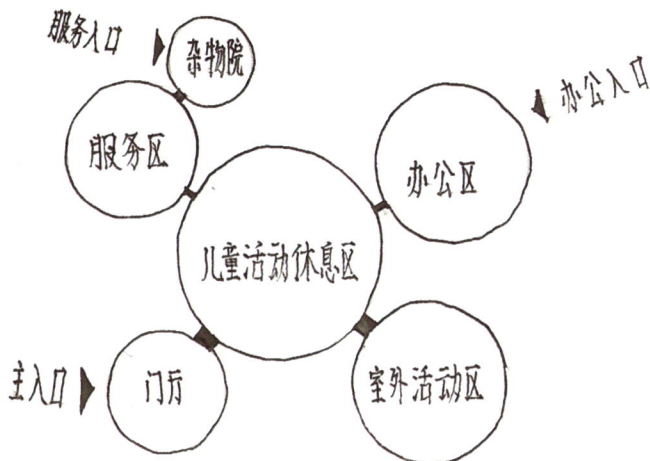

李娟宜绘

图 5-15

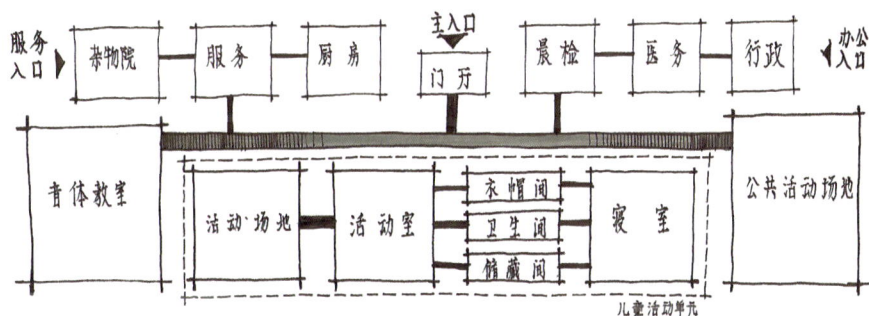

李娟宜绘

图 5-16

泡泡图或框框图的设计成果，需要符合建筑的功能关系、主次关系、动静关系。

2）平面草图

平面草图主要用于方案推演与讨论，多用草图纸进行绘制。绘制出首层或标准层平面后，用草图纸能快速绘出其他层平面图，平面草图需要表达出主体结构（如柱网、墙体等）和必要构件（如楼梯、电梯、台阶等），不必画出门窗等配件。

5.3.2　方案设计

方案设计是将泡泡图或框框图结合任务书进行细化、调整，获得合理的建筑平面设计的过程。常用的平面组合方式有以下几种：

1）走道式

走道式（图 5-17）即通过走道连接各个房间的平面组合方式。多用于学生宿舍楼、办公楼、住院部的病房区等建筑上。

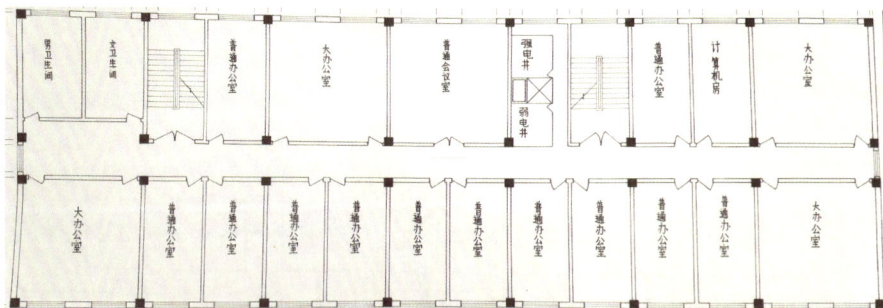

指导老师：李娟宜

图 5-17

2）单元式

单元式（图 5-18）即以单元进行组合、拼接而成的组合方式。单元既可以是垂直交通（楼梯、电梯）联系而成的单元（如住宅单元），也可以是固定的单元空间（如幼儿园中的儿童活动单元）。多用于住宅建筑与幼儿园建筑。

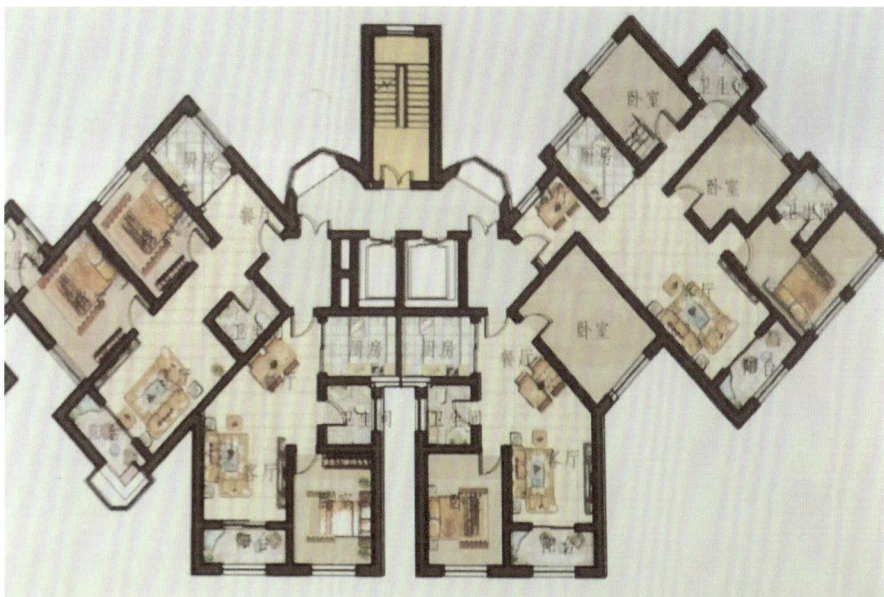

刘亚琦绘 青海大学城规 2019 级 指导老师：李娟宜

图 5-18

3）大厅式

大厅式（图 5-19）即通过大厅来联系周围的各个小空间或房间的组合方式。多用于有大量人流汇聚、分流的建筑中，如火车站、博物馆等。

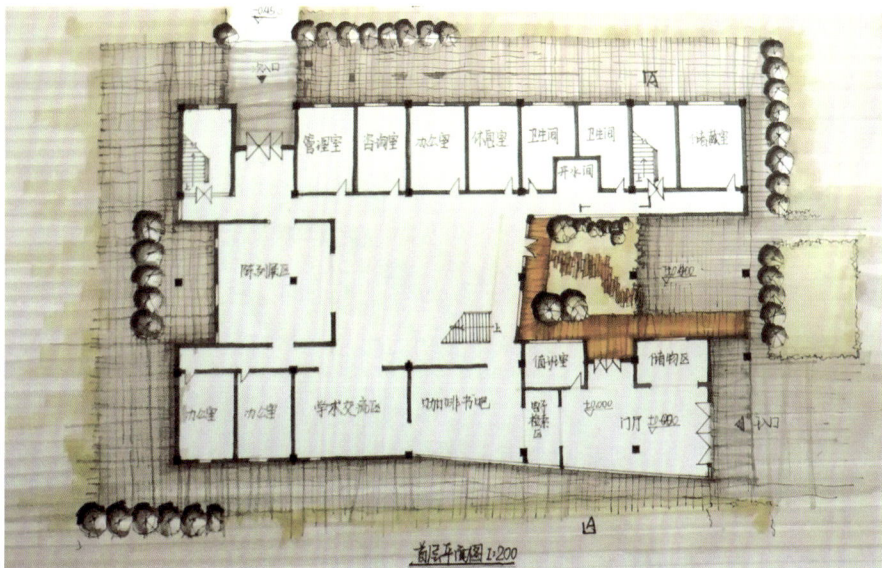

赵璐绘 青海大学城规 2016 级 指导老师：李娟宜

图 5-19

4）庭院式

庭院式（图5-20）即通过中心庭院来组合使用功能的设计方法。多用于中低层、对环境需求较高的建筑。

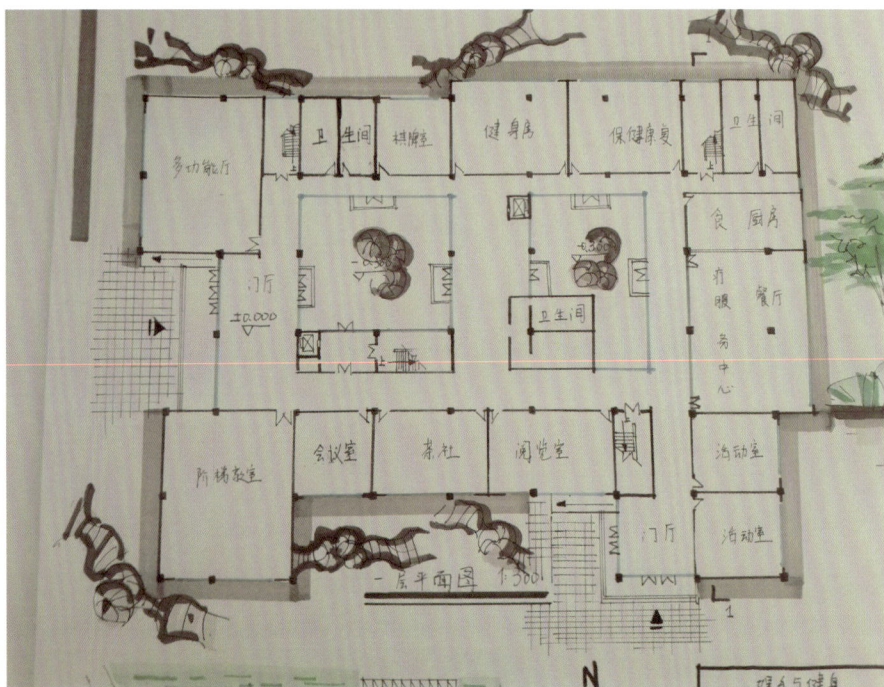

指导老师：李娟宜

图 5-20

5）主体环绕式

观演性建筑将最大的观演空间作为平面布局的主体，周围布置服务空间，这种组合方式称为主体环绕式。与大厅式不同，此种设计手法主要考虑人流聚集，周边服务房间没有分流作用。多用于体育馆、剧院、音乐厅等。

6）嵌套式

嵌套式即使用空间之间不用走廊连接，而是层层嵌套的组合方式。嵌套空间缺乏独立性与私密性，多用于功能关系连接十分紧密的建筑中，如流水线式生产车间、西式厨房等。

7）混合式

大多数公共建筑都用两种以上的平面组合方式，称为混合式组合。混合式组合也需要突出主体，才能使设计具有活力。多用于商住楼、幼儿园（图5-21—图5-27）。

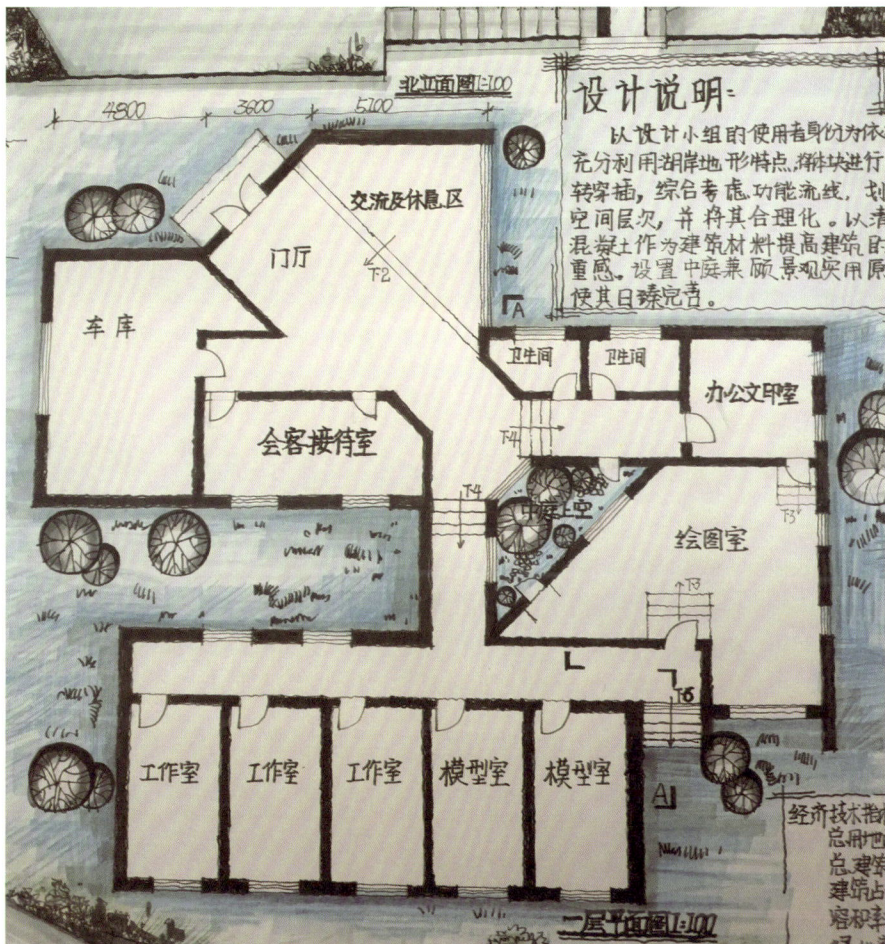

赵璐绘 青海大学城规 2016 级 指导老师：李娟宜

图 5-21

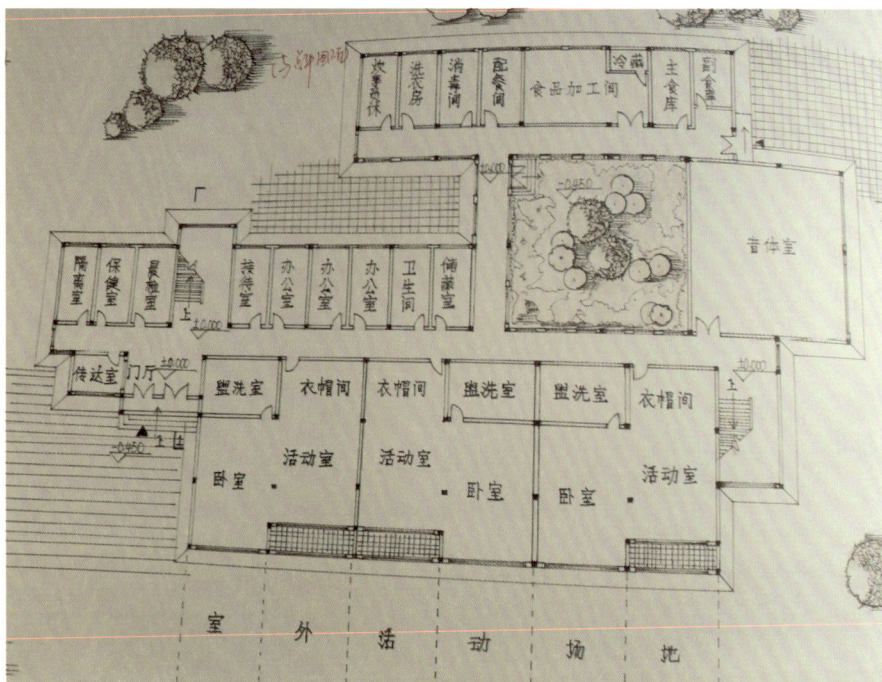

赵璐绘 青海大学城规 2016 级 指导老师：李娟宜

图 5-22

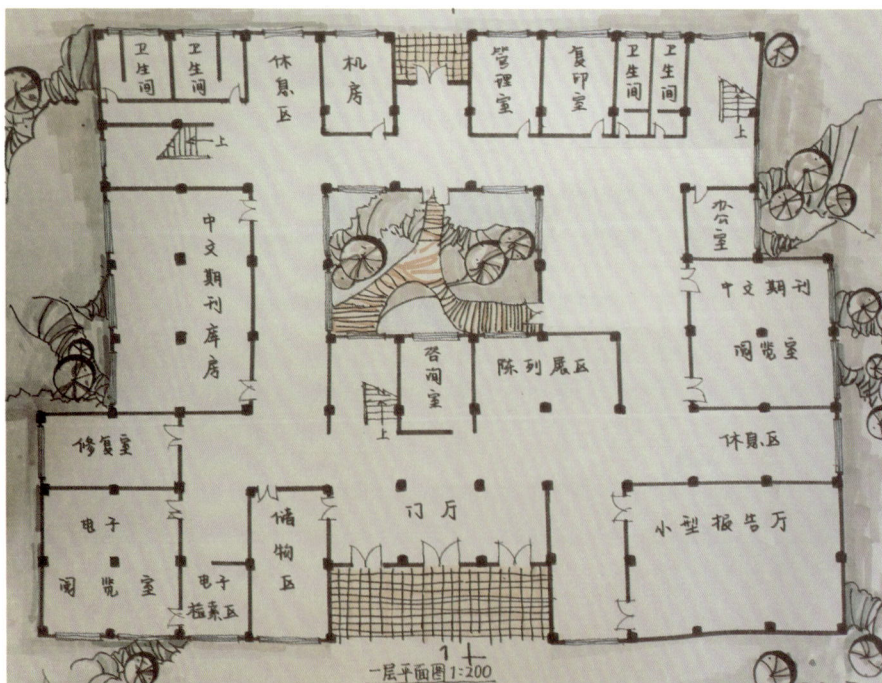

刘子琪绘 青海大学城规 2018 级 指导老师：李娟宜

图 5-23

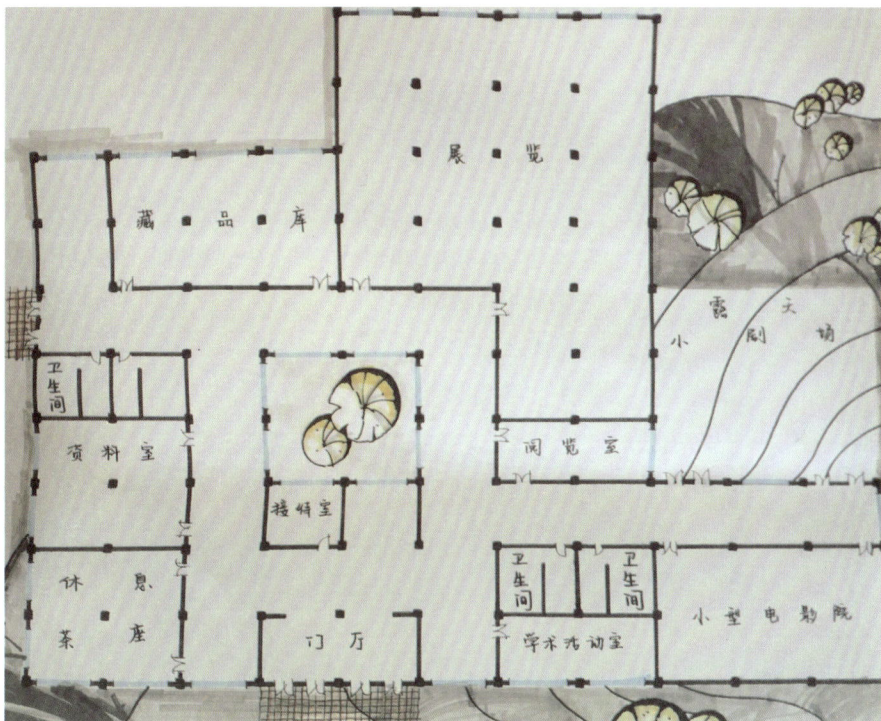

刘子琪绘 青海大学城规 2018 级 指导老师：李娟宜

图 5-24

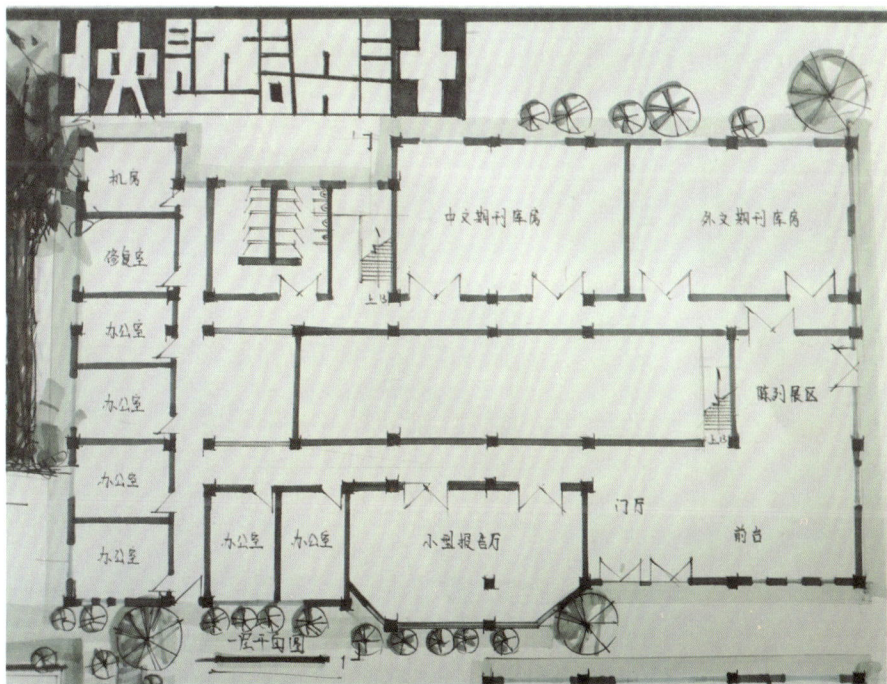

王鑫蕊绘 青海大学城规 2016 级 指导老师：李娟宜

图 5-25

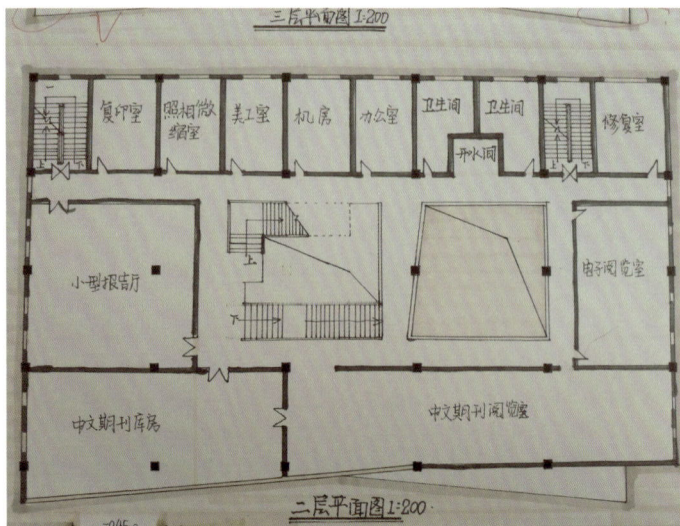

三层平面图 1:200

二层平面图 1:200

指导老师：李娟宜

图 5-26

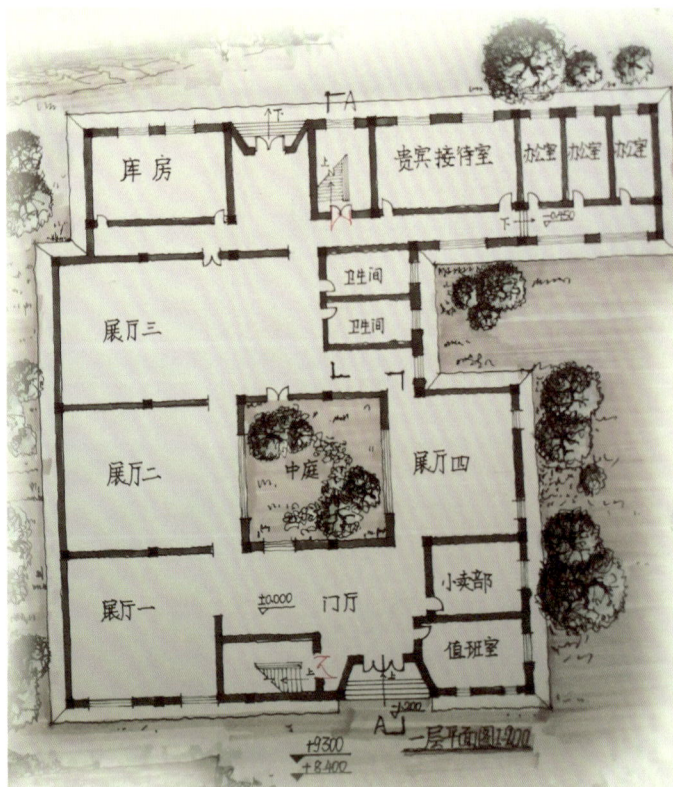

赵璐绘 青海大学城规 2016 级 指导老师：李娟宜

图 5-27

第 6 章

立（剖）面的
表现方法

剖、立面图较平面图更能直观地表达出建筑的内部构造和场地的竖向空间关系。立面图应与平面图对应，剖面图应与立面图对应，在剖切部位按照国标制图标准，剖切线应加粗，其余线型相对较细，起到辅助说明的作用。

　　立面图的线型要求如下：主体建筑物轮廓、景观构筑物轮廓、地面线用较粗的线来绘制，其中立面图中地面线应最粗（通常用0.9 mm），剖面图中地面线应更粗，其内部的线型（如材质填充线等）通常用最细的线（建议用 0.05 mm）。切忌用一支笔画到底，只有当线条的粗细发生变化和对比，图纸才会生动，并呈现出层次分明的效果。

6.1 建筑立面草图

　　立面图（图 6-1—图 6-10）能够更好地展示建筑的形体关系和造型特征，在表达过程中需要结合平面图，准确表达出立面设计。立面图的阴影可以突出形体关系。立面图除了需要准确地反映形体、主体与高度的关系外，还需要反映构配件，如门窗位置、样式等。其绘制过程如下：

　　①起稿：结合平面图，用铅笔绘制出底稿。

　　②绘制建筑立面：用针管笔按照制图线型要求，绘制出立面材质、门窗造型、屋顶样式等，并用马克笔上色。

　　③绘制阴影：通过分析绘制出阴影，突出形体关系。

　　④绘制配景：配景多选择乔木，以直观地表达建筑高度。乔木应按比例绘制，且选择符合场地气候环境的树种，如北方不适合选择椰子树。

　　⑤标注：应标出标高、图名。

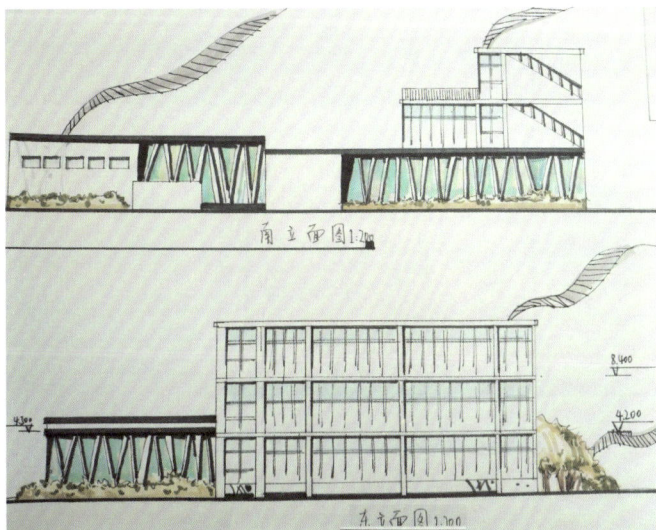

指导老师：李娟宜

图 6-1

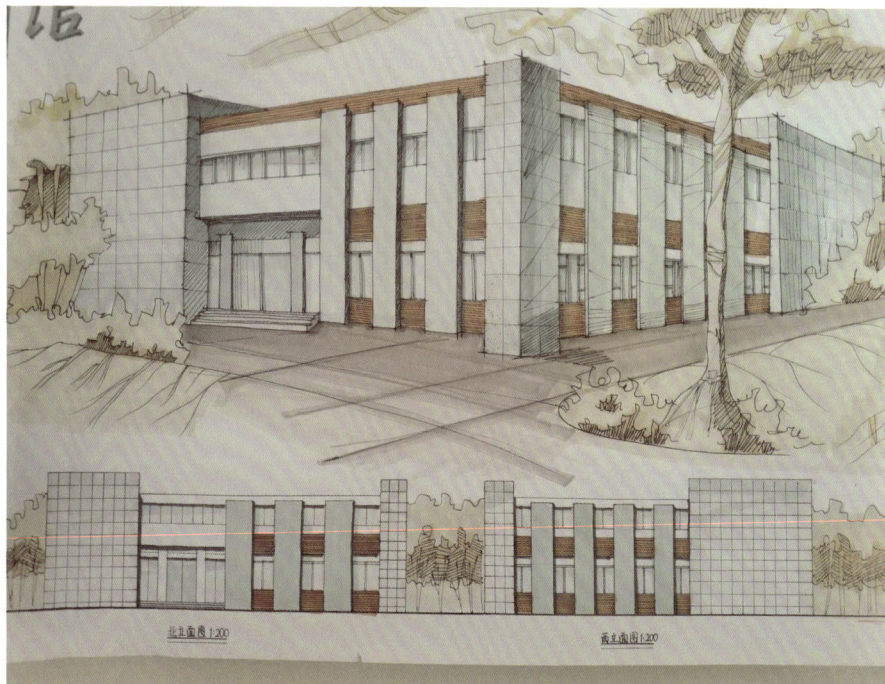

指导老师：李娟宜

图 6-2

东立面图 1:200

指导老师：李娟宜

图 6-3

赵璐绘 青海大学城规 2016 级 指导老师：李娟宜

图 6-4

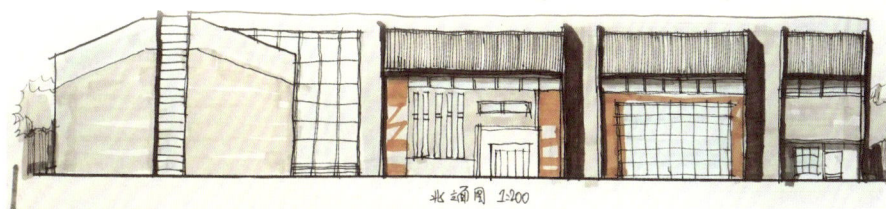

王鑫蕊绘 青海大学城规 2016 级 指导老师：李娟宜

图 6-5

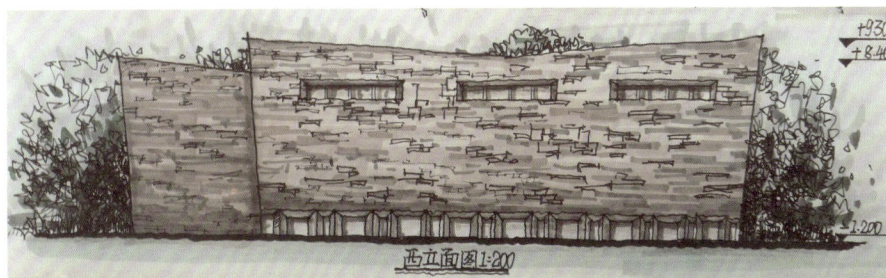

赵璐绘 青海大学城规 2016 级 指导老师：李娟宜

图 6-6

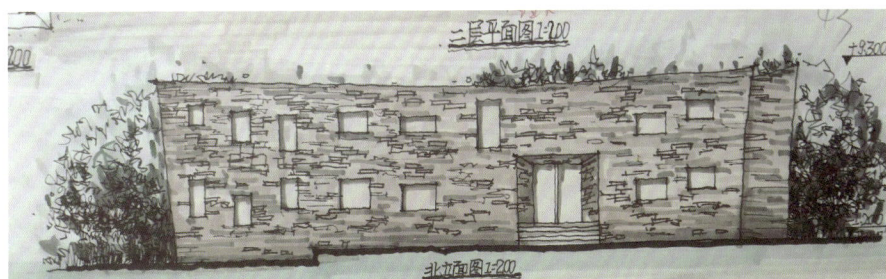

赵璐绘 青海大学城规 2016 级 指导老师：李娟宜

图 6-7

赵璐绘 青海大学城规 2016 级 指导老师：李娟宜

图 6-8

赵璐绘 青海大学城规 2016 级 指导老师：李娟宜

图 6-9

赵璐绘 青海大学城规 2016 级 指导老师：李娟宜

图 6-10

6.2 建筑剖面草图

建筑剖面（图6-11—图6-13）可以表现出竖向关系、建筑结构、重要节点构造等。选择剖切位置时，应选择能反映竖向空间变化丰富、主要出入口、大空间、中庭、楼梯等位置节点。剖面图中楼梯需要表达完整。

剖面图需要结合平面图与立面图绘制。剖切到的钢筋混凝土需涂黑，其他重要结构需用针管笔加粗，未剖到的部分用可见轮廓线表达。剖面图主要是反映结构、构造与空间的关系，不需要绘制阴影。

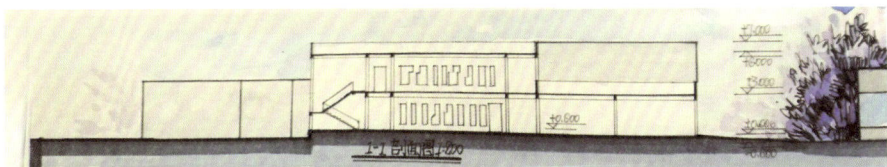

赵璐绘 青海大学城规2016级 指导老师：李娟宜

图6-11

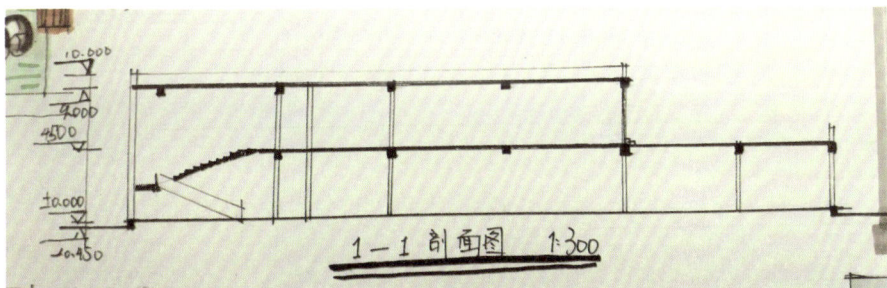

指导老师：李娟宜

图6-12

赵璐绘 青海大学城规2016级 指导老师：李娟宜

图6-13

6.3 景观剖立面的绘制要点

景观的剖立面图主要反映地形变化、高差处理以及植物的种植特征，

金属栏杆

毛贴座

金属栏杆

在平面图中用剖切符号标出需要表现的剖立面的具体位置和方向，剖立面图按照比例绘制，可以表现出竖向和水平尺度之间的关系。剖、立面图中需要标注标高；水面用水位线表示；树木应绘制出明确的树型，注意不同树种的绘制与配置、色彩变化与虚实对比及远近层次；构筑物用建筑制图的方法表示（图6-14—图6-26）。

防护墙改造立面图

北京百绘创景景观设计事务所

图 6-14

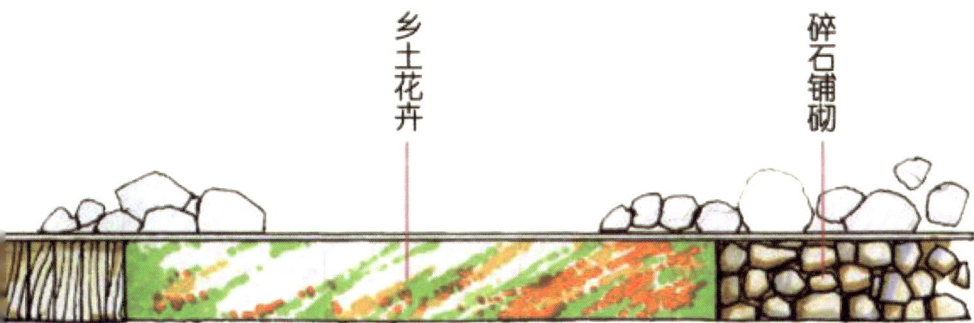

乡土花卉

碎石铺砌

防护墙改造平面图

北京百绘创景景观设计事务所

图 6-15

0 1 2   5   10(m)   (1:100)

北京百绘创景景观设计事务所

图 6-16

0 1 2   5   10(m)   (1:100)

北京百绘创景景观设计事务所

图 6-17

图 6-18

图 6-19

0 1 2   5   10 ㎝

⟨1:100⟩

北京百绘创景景观设计事务所

图 6-20

图 6-21

图 6-22

韩秀茹绘

图 6-23

韩秀茹绘

图 6-24

韩秀茹绘

图 6-25

韩秀茹绘

图 6-26

第 7 章

平面上色

7.1 马克笔概述

马克笔也称麦克笔，是当前各类专业手绘表现中常用的上色工具之一。它使用方便、着色迅速、色泽清新、笔触富于现代感，已经成为广大设计师进行设计的必备工具之一，广泛应用于建筑设计、室内设计、服装设计、产品设计等行业。

7.1.1 马克笔的分类

1）油性马克笔
油性马克笔快干、耐水，而且耐光性较好，颜色多次叠加后不会伤纸。

2）水性马克笔
水性马克笔色泽亮丽清澈、有透明感，但多次叠加后颜色会变灰，容易损伤纸面。

3）酒精性马克笔
酒精性马克笔可在任何光滑表面书写，速干、防水、环保，在设计领域应用广泛。

7.1.2 马克笔对纸张的要求

1）马克笔专用纸
在马克笔专用纸上，马克笔的颜色可以很好地和纸面结合，平涂均匀。马克笔专用纸不透明、色彩多，是画马克笔的首选材料，但是价格较贵。

2）A4 打印纸

打印纸的纸面光滑细腻，容易购买，价格便宜，使用方便。但打印纸纸张较薄，笔墨扩散能力有限，笔触边界较明显。适合规划、景观专业效果图的绘制。

3）硫酸纸

硫酸纸质地光滑、半透明，色不易被吸收，大多存留在纸面上，因此容易被擦去。设计师通常在硫酸纸的反面着色，这样可以保护线稿线条不被破坏。但上好色后，从正面看色调偏灰。

4）绘图纸

绘图纸特性介于专用纸与硫酸纸之间。用马克笔快速表现一般都是画在绘图纸上（如快题考试），质地不透明，能吸收一定的颜色。

5）拷贝纸

拷贝纸是一种生产难度相当高的高级文化工业用纸，具有较高的物理强度、优良的均匀度及透明度、良好的表面性质、良好的适应性，细腻、平整、光滑、无泡泡沙。拷贝纸因其良好的透明度和韧性，在设计中被广泛使用。通常，设计师将线稿画在拷贝纸上，然后扫描，再打印出来上色，这样即使上色不理想，再打一张重新上色即可。

7.2 马克笔的绘图技法

7.2.1 笔触练习（图 7-1）

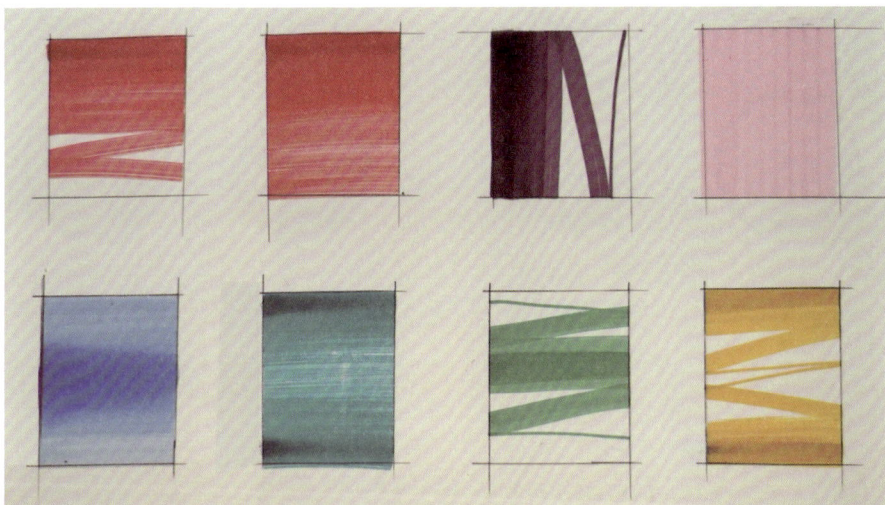

赵砺绘

图 7-1

7.2.2 马克笔使用注意事项

①上色时注意不要多次重复涂抹，容易使颜色变"脏"，失去清新明快感，而且色块不统一。但有时候重复涂抹能够表现明暗。

②排笔时用力要均匀，有重叠部分也要肯定地画下去。

③与水彩的大面积渲染相比，马克笔更适合做概括性的表达，且不适合表现细小的物体，如树枝等。

7.3 平面上色

7.3.1 单体植物（图7-2—图7-13）

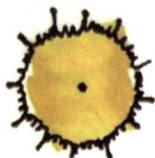

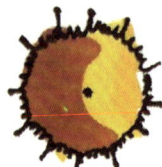

韩秀茹绘

韩秀茹绘

图7-2

图7-3

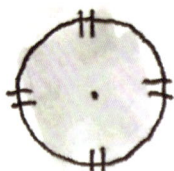

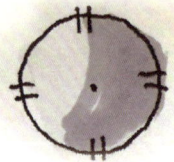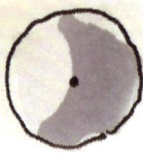

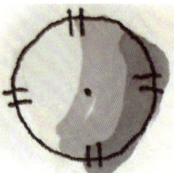

韩秀茹绘

韩秀茹绘

图7-4

图7-5

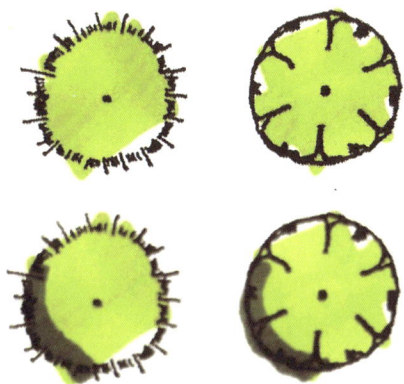

韩秀茹绘

图 7-6

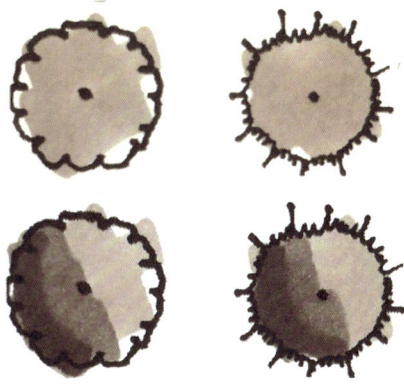

韩秀茹绘

图 7-7

韩秀茹绘

图 7-8

韩秀茹绘

图 7-9

韩秀茹绘

韩秀茹绘

图 7-10

图 7-11

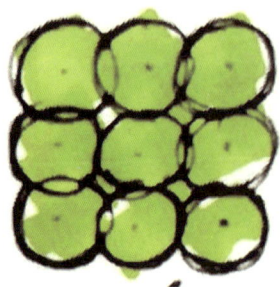

韩秀茹绘

图 7-12

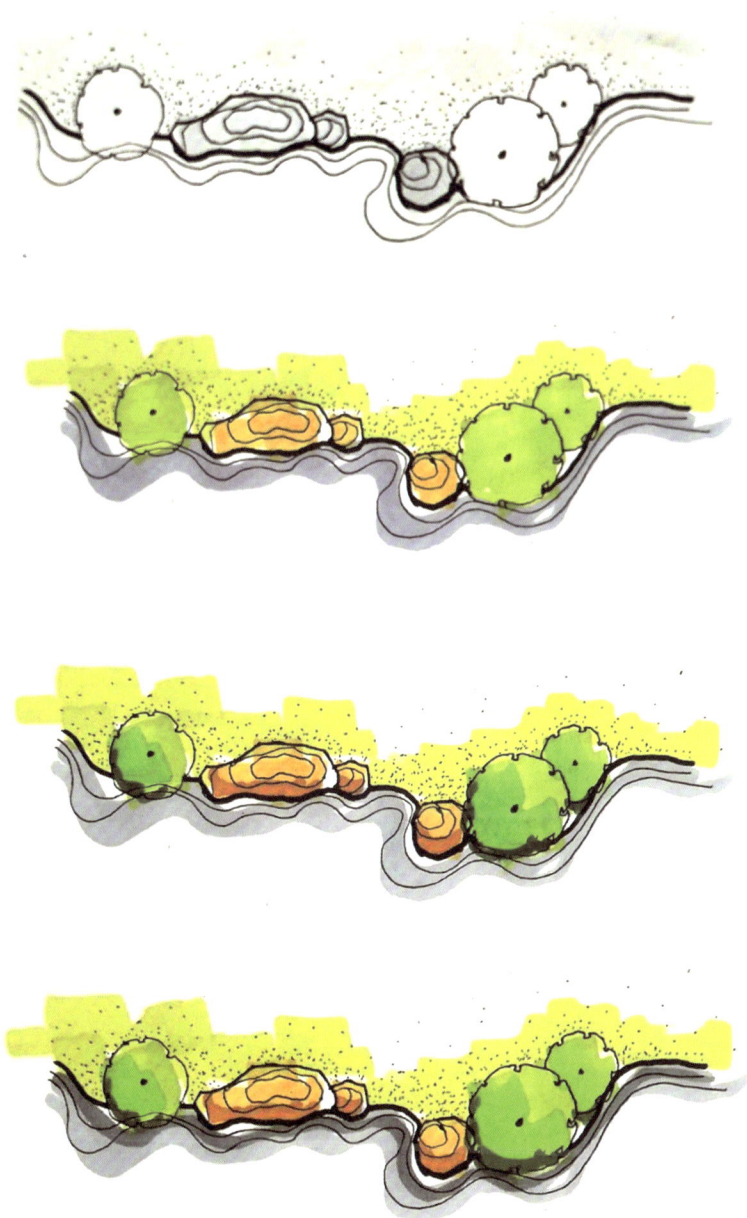

韩秀茹绘

图 7-13

7.3.2 综合上色实例（图 7-14—图 7-22）

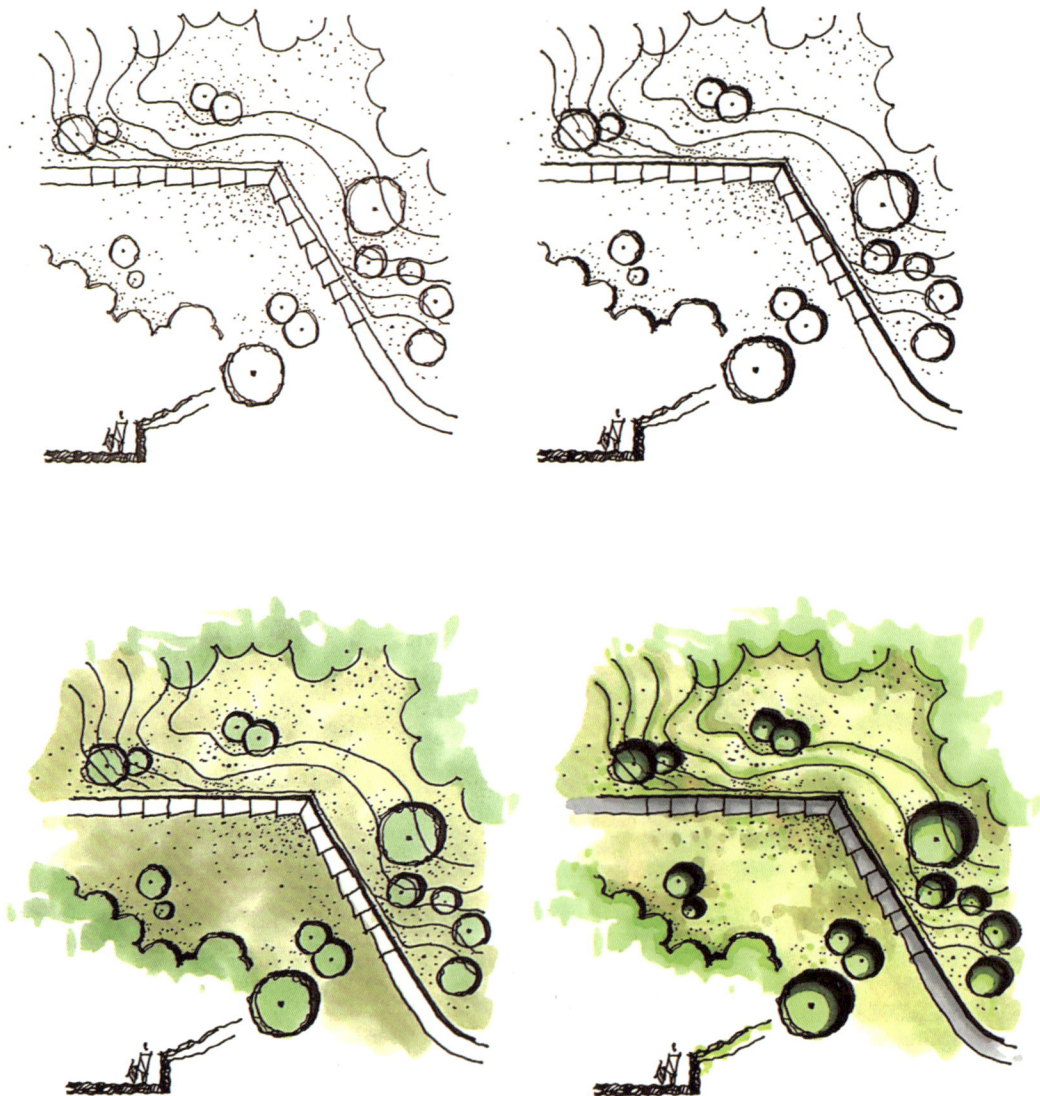

赵璐临摹、上色 青海大学城规 2016 级 指导老师：韩秀茹

图 7-14

赵璐临摹、上色 青海大学城规 2016 级 指导老师：韩秀茹

图 7-15

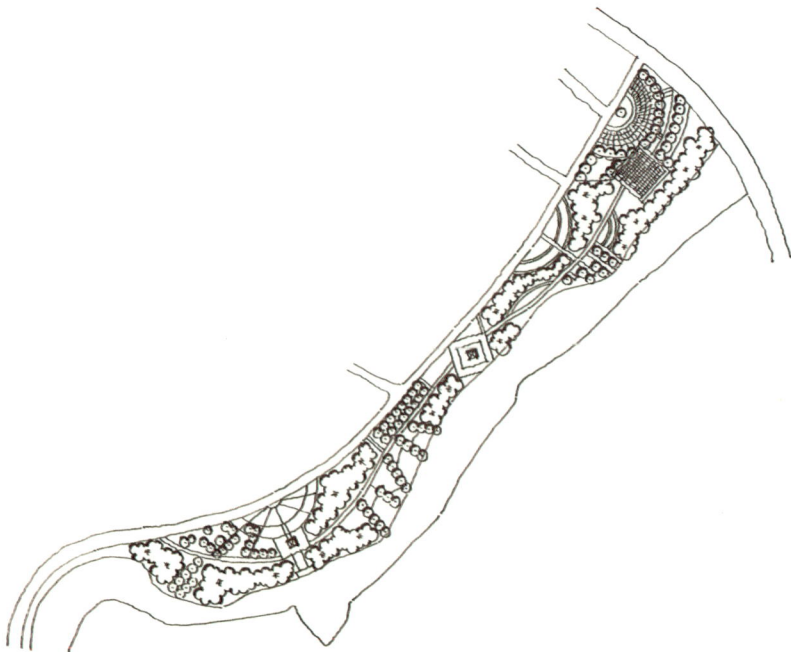

凌盼绘 青海大学风景园林 2013 级硕士研究生 赵砺上色

图 7-16

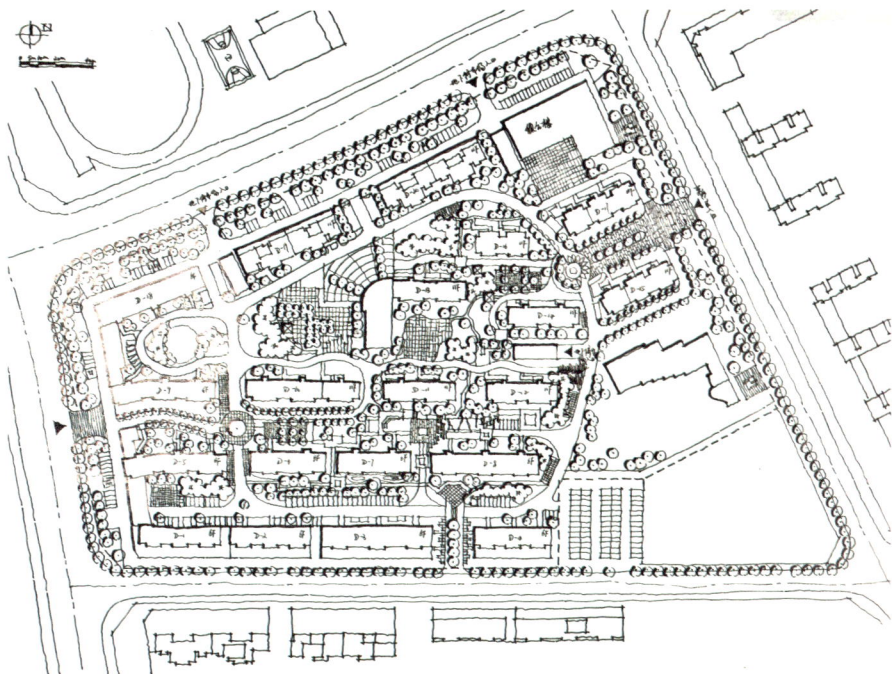

凌盼绘 青海大学风景园林 2013 级硕士研究生 赵砺上色

图 7-17

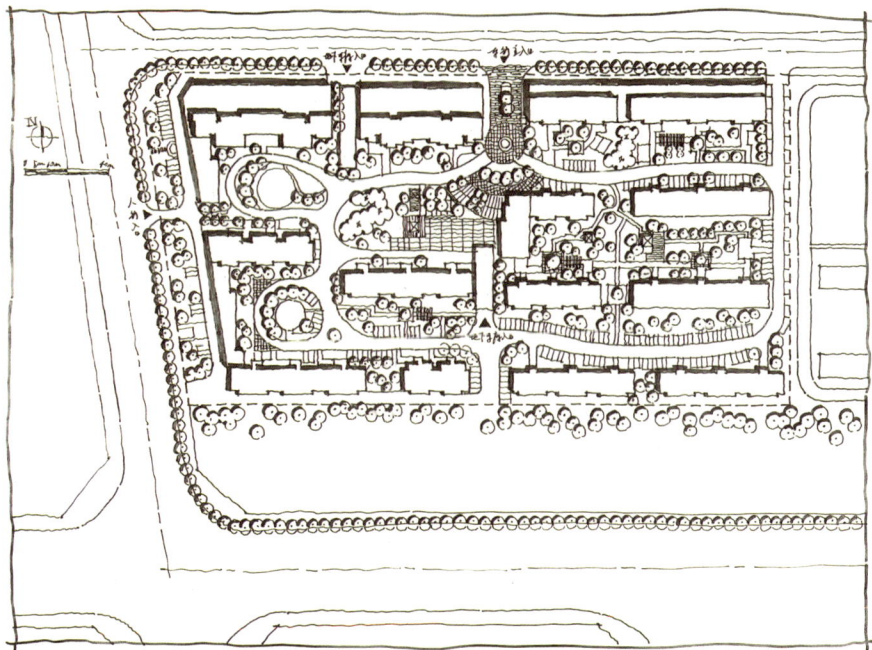

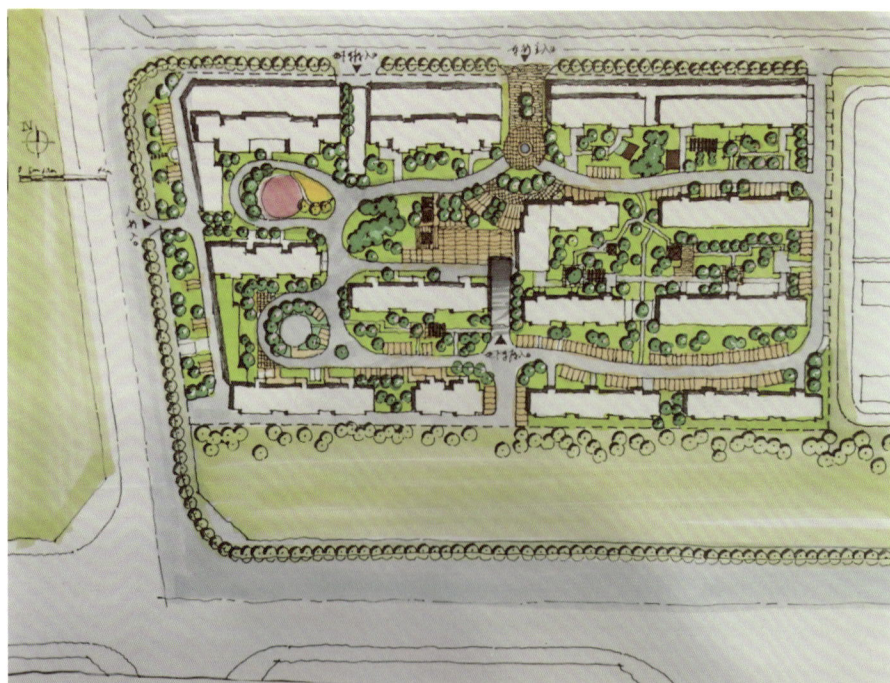

凌盼绘 青海大学风景园林 2013 级硕士研究生 赵砺上色

图 7-18

丁玥绘 青海大学城规 2016 级 指导老师：赵发兰

图 7-19

指导老师：赵发兰

图 7-20

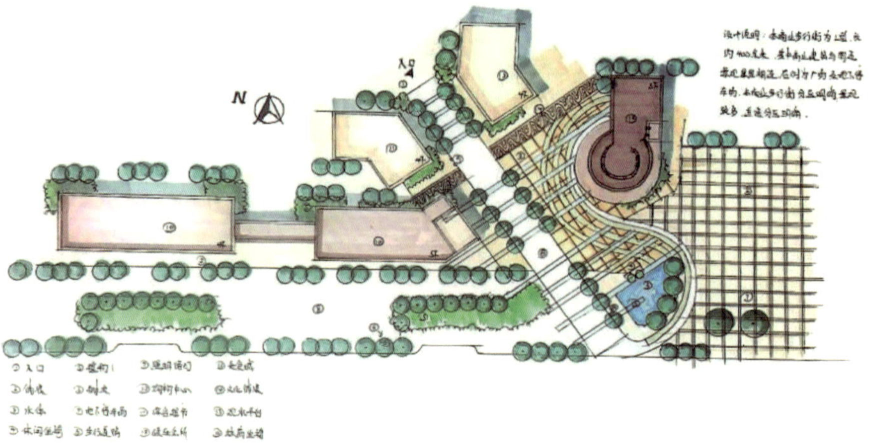

王鑫蕊绘 青海大学城规 2016 级 指导老师：赵发兰

图 7-21

宋春慧绘 青海大学城规 2016 级 指导老师：赵发兰

图 7-22

效果图表现

韩晨晨临摹李虎作品 北华航天工业学院环艺 2019 级 指导老师：赵砺

图 8-1

韩晨晨临摹李虎作品 北华航天工业学院环艺 2019 级 指导老师：赵砺

图 8-2

刘雨萌临摹 北华航天工业学院环艺 2019 级 指导老师：赵砺

图 8-3

李欣宇临摹 北华航天工业学院环艺 2020 级 指导老师：赵砺

图 8-4

北京百绘创景景观设计事务所

图 8-5a

第 8 章 效果图表现 / 165

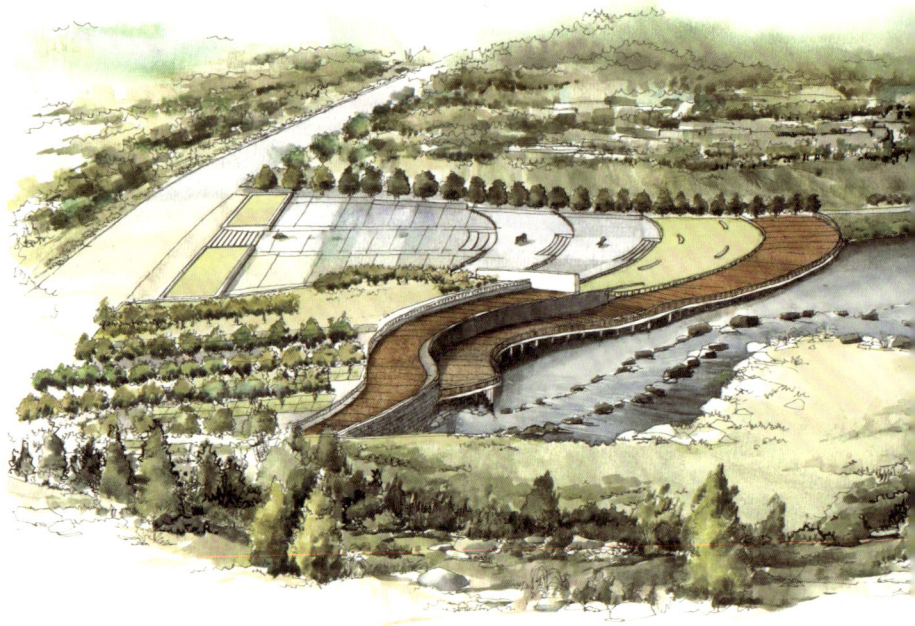

北京百绘创景景观设计事务所

图 8-5b

赵砺临摹

图 8-6

第 8 章 效果图表现 / 169

赵砺临摹

图 8-7

8.2 马克笔在建筑图中的应用（图 8-8—图 8-20）

梁佳慧临摹 北华航天工业学院环艺 2019 级 指导老师：赵砺

图 8-8

梁佳慧临摹 北华航天工业学院环艺 2019 级 指导老师：赵砺

图 8-9

梁佳慧临摹 北华航天工业学院环艺 2019 级 指导老师：赵砺

图 8-10

李欣宇临摹 北华航天工业学院环艺 2019 级 指导老师：赵砺

图 8-11

李欣宇临摹 北华航天工业学院环艺 2019 级 指导老师：赵砺

图 8-12

陈舒绘 青海大学城规 2016 级 指导老师：李娟宜

图 8-13

韩晨晨临摹李虎作品 北华航天工业学院环艺 2019 级 指导老师：赵砺

图 8-14

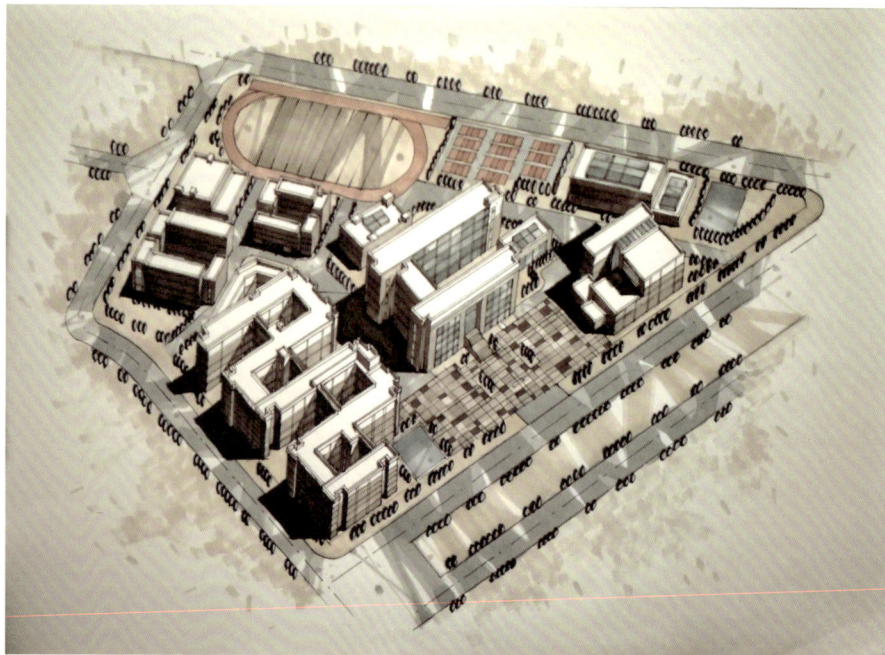

李茹春绘 青海大学城规 2016 级 指导老师：赵发兰

图 8-15

赵砺临摹

图 8-16

赵砺临摹

图 8-17

赵砺临摹

图 8-18

赵砺 2018.11.8

图 8-19

赵砺绘

图 8-20

8.3 马克笔在室内设计中的应用（图8-21—图8-35）

李心怡绘 北华航天工业学院环艺 2019 级 指导老师：赵砺

图 8-21

李心怡临摹 北华航天工业学院环艺 2019 级 指导老师：赵砺

图 8-22

李心怡临摹 北华航天工业学院环艺 2019 级 指导老师：赵砺

图 8-23

梁佳慧临摹 北华航天工业学院环艺 2019 级 指导老师：赵砺

图 8-24

梁佳慧临摹 北华航天工业学院环艺 2019 级 指导老师：赵砺

图 8-25

李心怡临摹 北华航天工业学院环艺 2019 级 指导老师：赵砺

图 8-26

梁佳慧临摹 北华航天工业学院环艺 2019 级 指导老师：赵砺

图 8-27

刘雨萌临摹 北华航天工业学院环艺 2019 级 指导老师：赵砺

图 8-28

赵砺临摹

图 8-29

赵砺临摹

图 8-30

赵砺临摹

图 8-31

赵砺临摹

图 8-32

赵砺临摹

图 8-33

赵砺临摹

图 8-34

赵砺临摹

图 8-35

快题设计

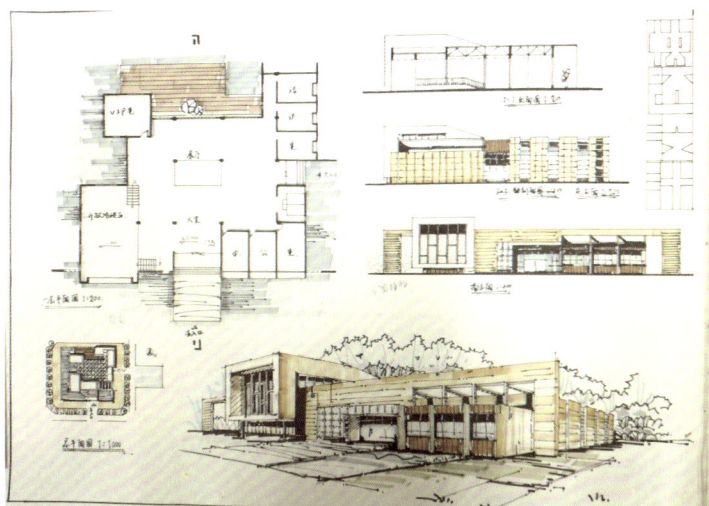

9.1 规划设计快速表达（图 9-1—图 9-3）

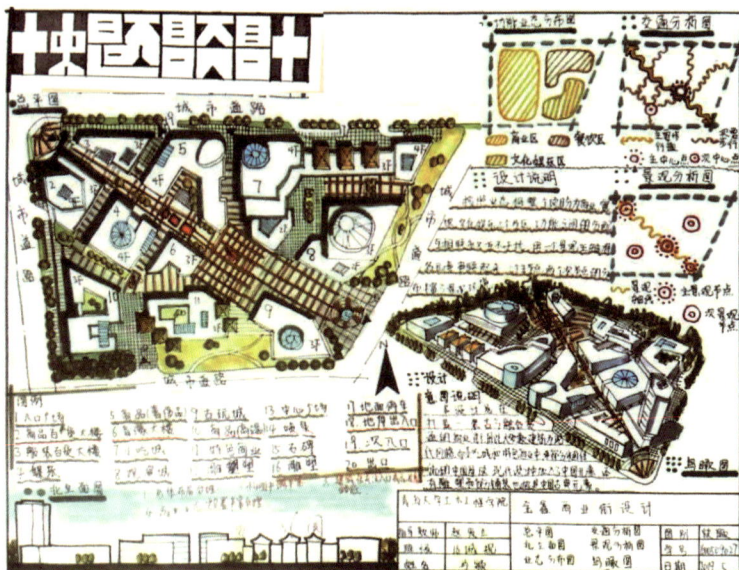

马颖绘 青海大学城规 2016 级 指导老师：赵发兰

图 9-1

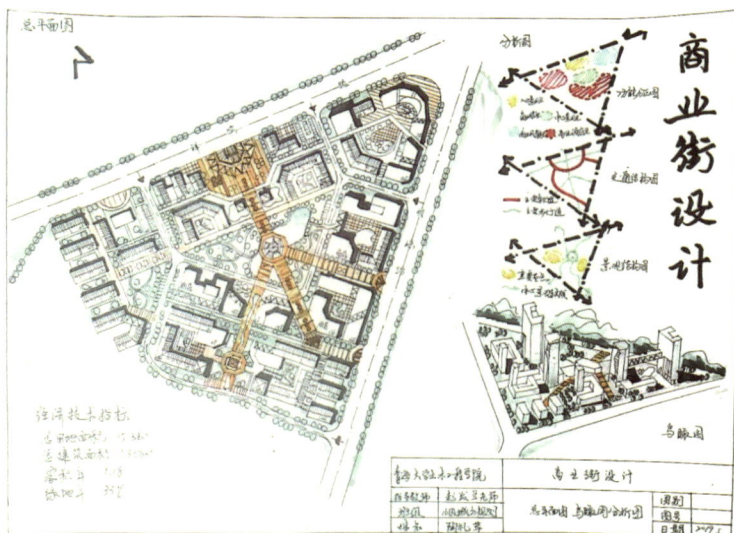

陶礼芬绘 青海大学城规 2016 级 指导老师：赵发兰

图 9-2

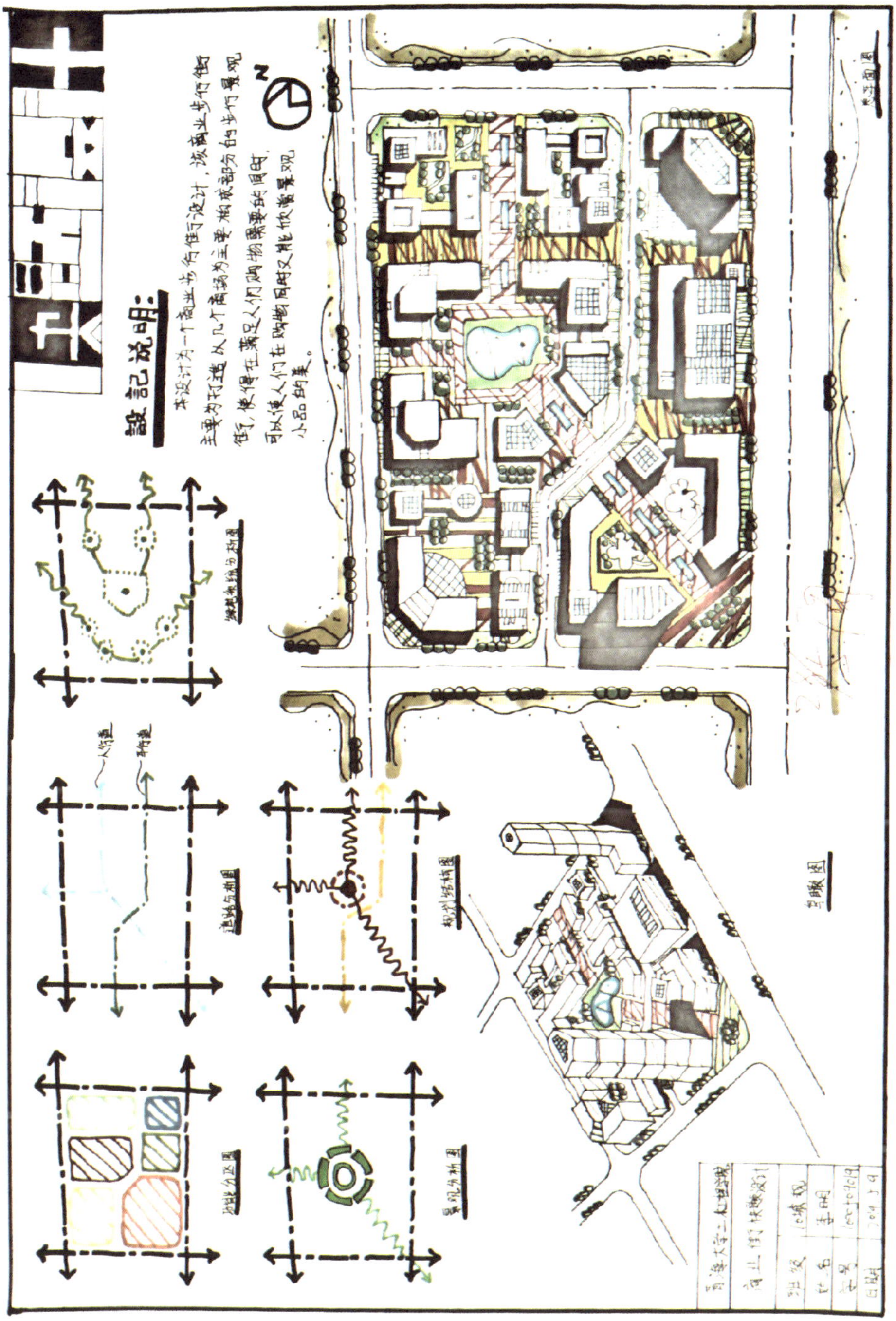

图 9-3

李明绘 青海大学城规 2016 级 指导老师：赵发兰

设计说明：

本设计为一个商业步行街设计，该商业区由几个高端融入幸湘流成为的步行街设计，使得在满足人们购物需求的同时又能收赏景观可以使得在满足人们在购物的同时又能收赏景观小品的美。

9.2 景观快速表达（图9-4—图9-11）

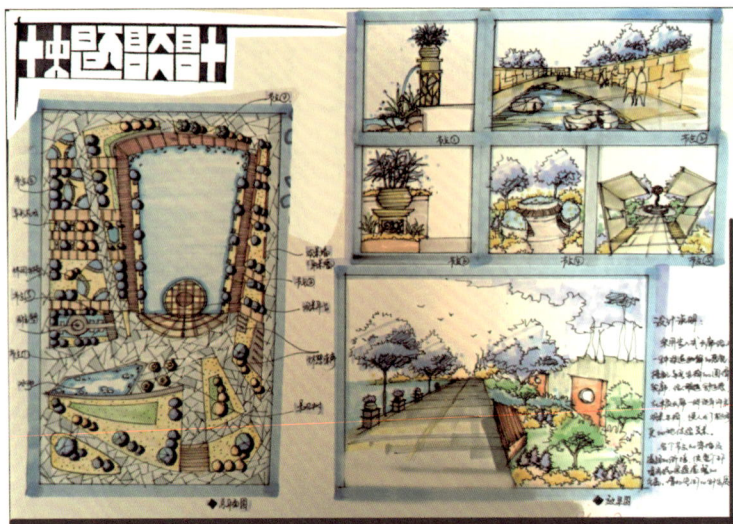

指导老师：赵发兰

图9-4

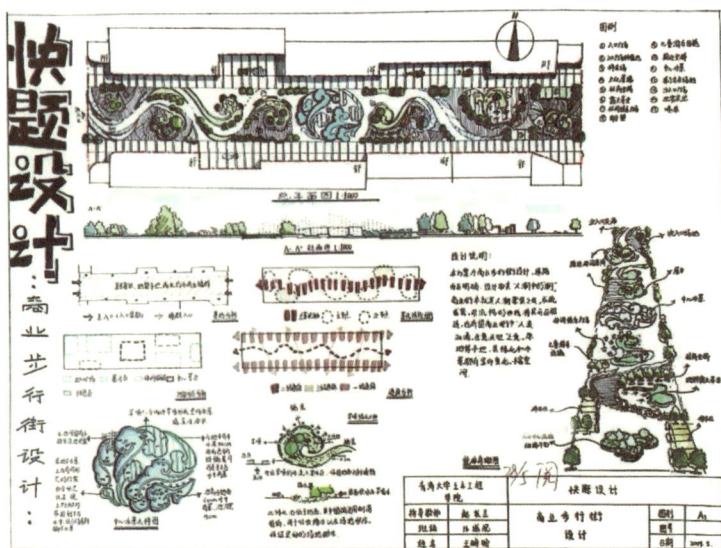

王盼盼绘 青海大学城规 2016 级 指导老师：赵发兰

图9-5

马婧绘 青海大学城规 2016 级 指导老师：赵发兰

图 9-6

图 9-7

刘佳宁绘 青海大学城乡规 2016 级 指导老师: 赵发兰

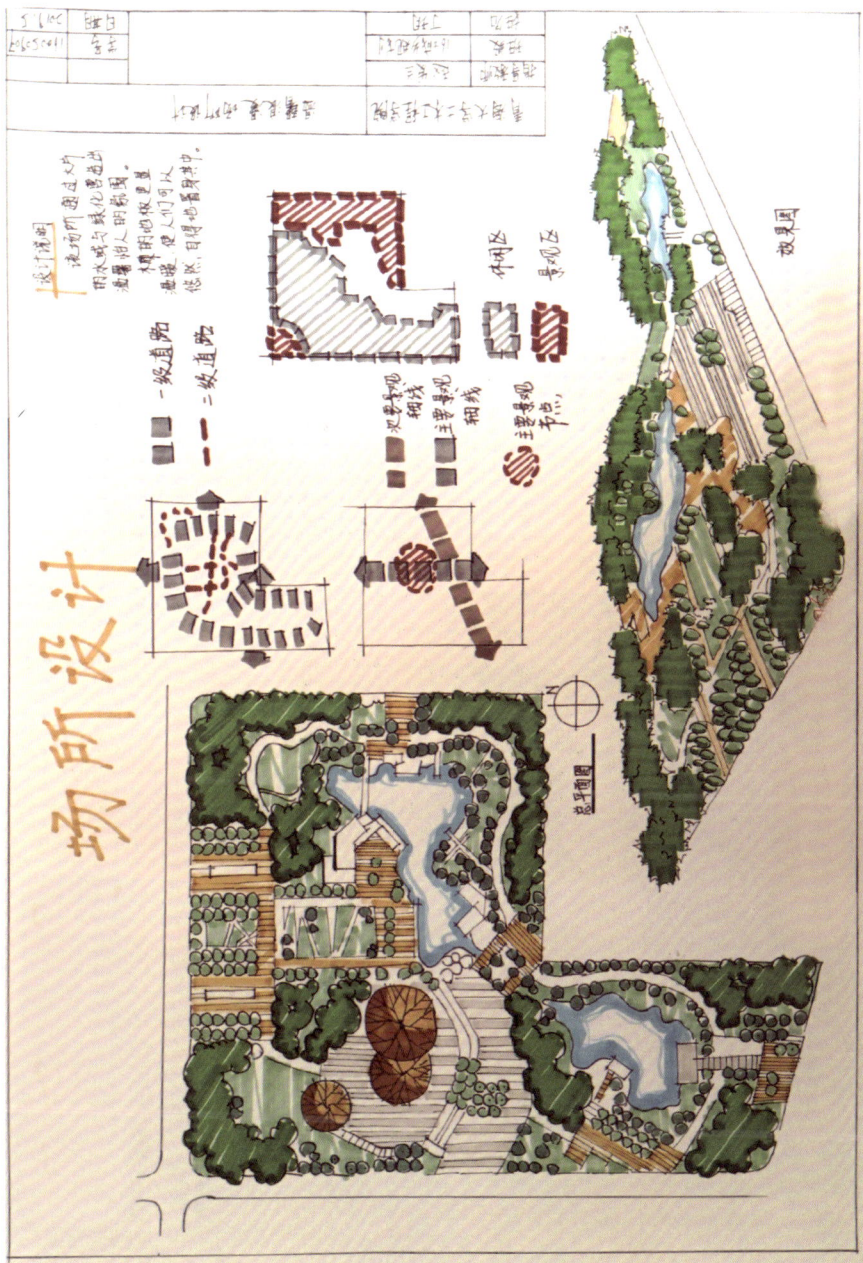

场所设计

丁玥绘 青海大学城规 2016 级 指导老师：赵发兰

第9章 快题设计 / 195

沈阳 快题设计

設計说明：

本设计为一个城市广场的设计，广场中包含水景公园，游憩道路等。基于朱园中心思平评等观花，广场内包含各种功能，场地形灵活，广场出现的各种植配机结合，不同尺度设计，为广场出现配以丰富绿地景观色活动色，辅装为主，辅以让人憩地的活色及绿地贯穿的广场为主。同时，流广泛柔与贯通市中心水间广场为主，周边三面及整会小区。另一侧与城外河道...

1.景观结构分析图

2.视线引导图

3.辅装范围图

医院

城市道路

居住小区

城市道路

居住小区

指导老师：赵发兰

图9—9

林曦公园

总平面 1:300

设计说明：
本次设计以温馨温暖为主题，为城市内的休闲场所，
坚持"以人为本"的设计思想，在设计中以自然景观为
依托，将地块的东南部划为人空间的空间区域为温馨温暖
的景色。主要为为水景区、游览区、景观林地、休闲
活动区。台速过本图连点为的外林地，使公园显得更美
，也配套的绿化。

立面图 1:150

李豪绘 青海大学城规 2016级 指导老师：赵发兰

图 9-10

图 9—11

王盼盼绘 青海大学城规 2016级 指导老师：赵发兰

9.3 建筑设计快速表达

9.3.1 建筑快速设计方法

将设计好的方案快速表达出来，多使用马克笔、彩铅、针管笔等工具。

①起稿：铅笔确定墙体、柱网等主要结构的位置。

②绘制主体：框架结构先用马克笔绘出柱网，再绘制墙体；混合结构直接绘制墙体即可。由于马克笔绘制图纸较难修改，为防止漏掉门窗，可以在绘制墙体前先绘制门窗。应注意的是首层要绘制出周围的环境。

③绘制其他：包括楼梯、台阶、雨篷等。

④标注：指必要的文字与符号标注，如标高、指北针、房间名称、图名等。

⑤美化图面：可以添加针管笔线条，使马克笔线条边界更美观、图面层次更丰富；也可以给不同功能区上色，提高平面功能分区的辨识度（图9-12—图9-21）。

9.3.2 水彩表达

水彩表达是指通过裱纸、水彩渲染的一种表达方式，需要严格遵循制图规范（图9-22—图9-25）。

①准备工作：裱纸，上底色。应注意的是裱纸要自然风干，不可暴晒。

②起稿：轻轻绘制出详细的平面铅笔稿。使用橡皮会使底色不均匀，故要尽可能降低错误率，减少使用修改工具。

③渲染：用水彩工具渲染出墙、柱、窗、一层景观等。绘制时需要注意细节，做到收边干净。每遍渲染都要等到完全干后再渲染下一层，否则容易晕染，破坏图面效果。

④上墨线：用针管笔绘制墨线，线型应符合制图规范。必须在全部渲染完成后再绘制墨线。

⑤标注：用仿宋字进行必要的文字标注，用制图规范中的符号进行必要的符号标注。

赵璐绘 青海大学城规 2016 级 指导老师：李娟宜

图 9-12

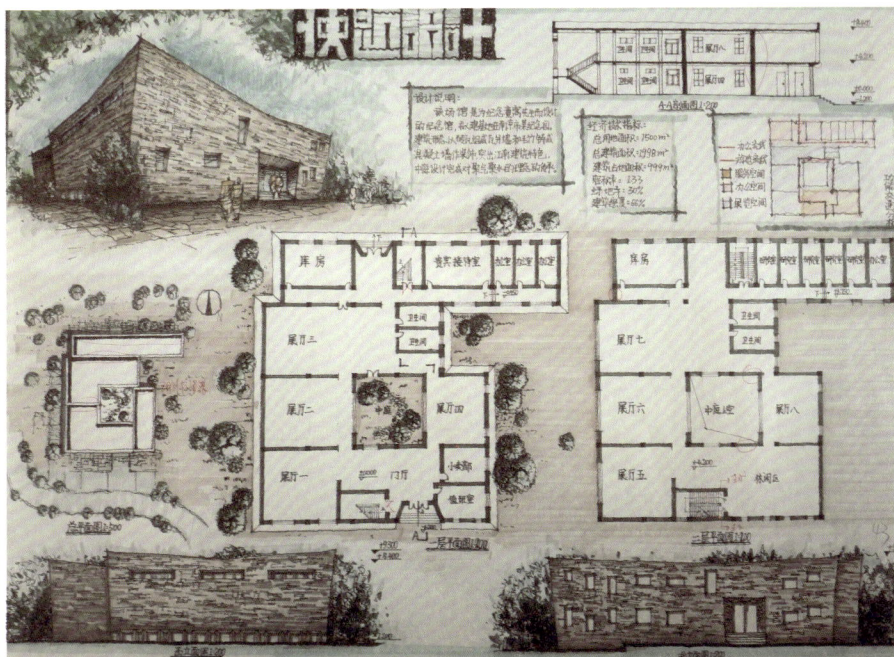

赵璐绘 青海大学城规 2016 级 指导老师：李娟宜

图 9-13

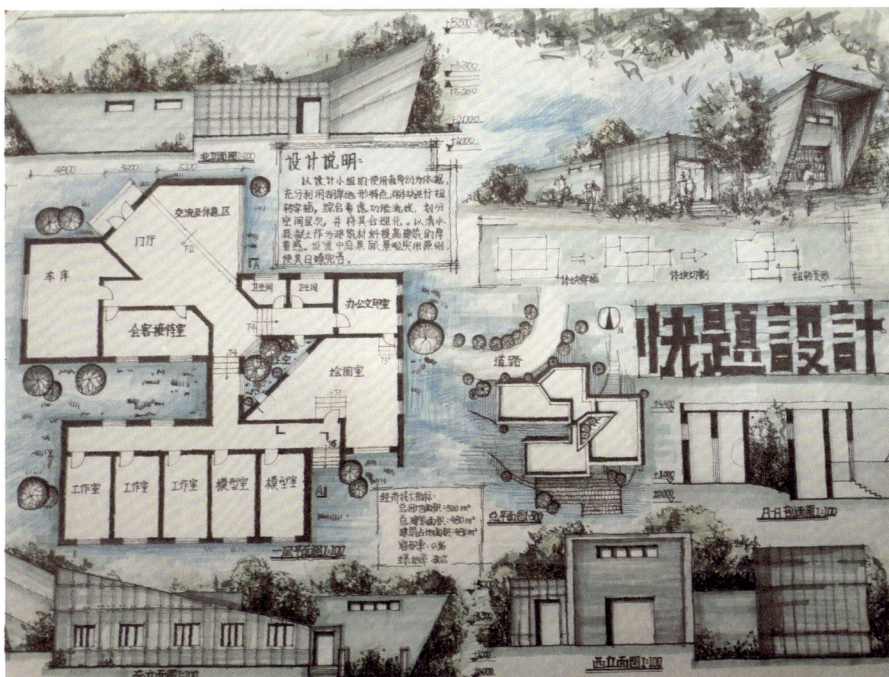

赵璐绘 青海大学城规 2016 级 指导老师：李娟宜

图 9-14

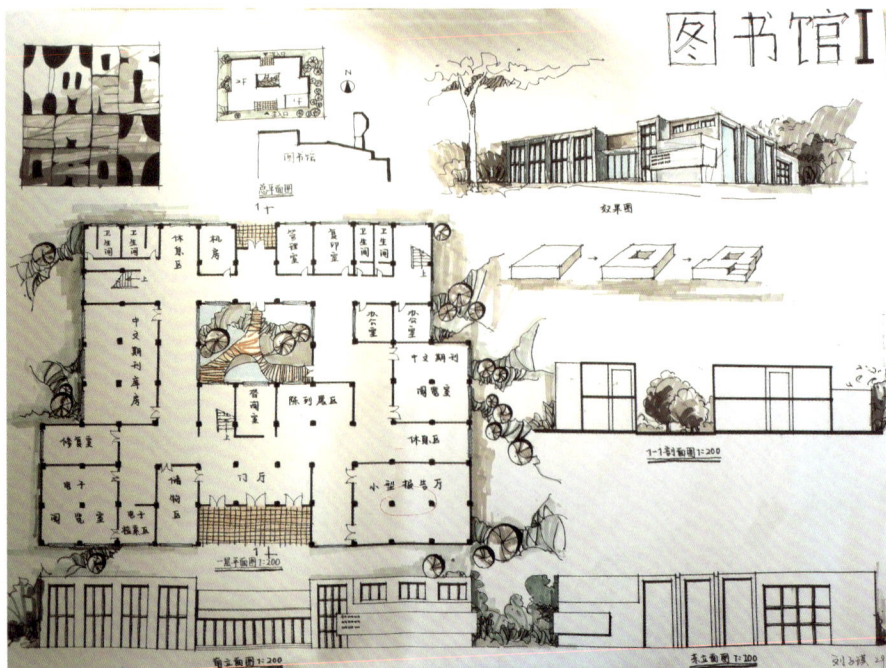

刘子琪绘 青海大学城规 2018 级 指导老师：李娟宜

图 9-15a

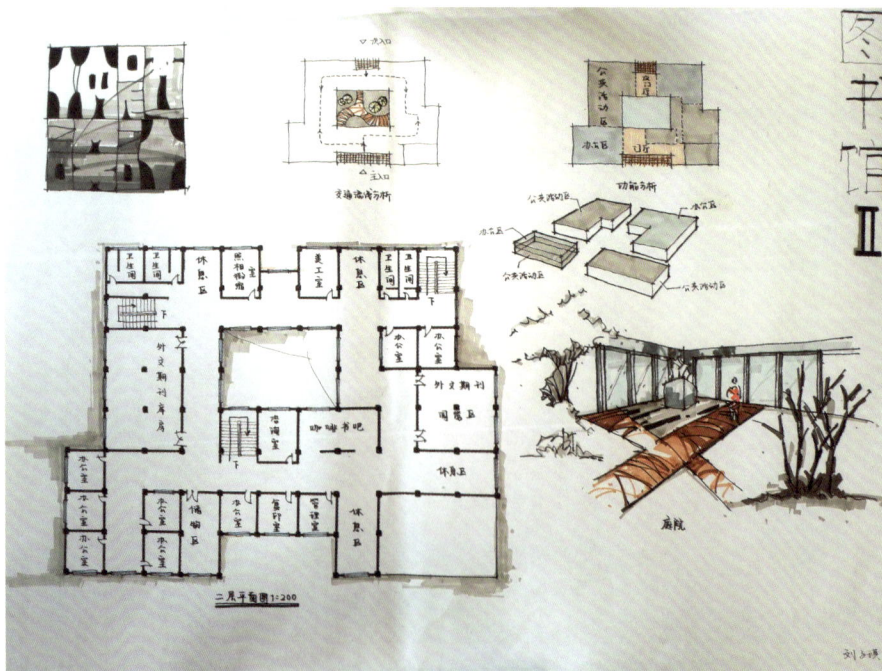

刘子琪绘 青海大学城规 2018 级 指导老师：李娟宜

图 9-15b

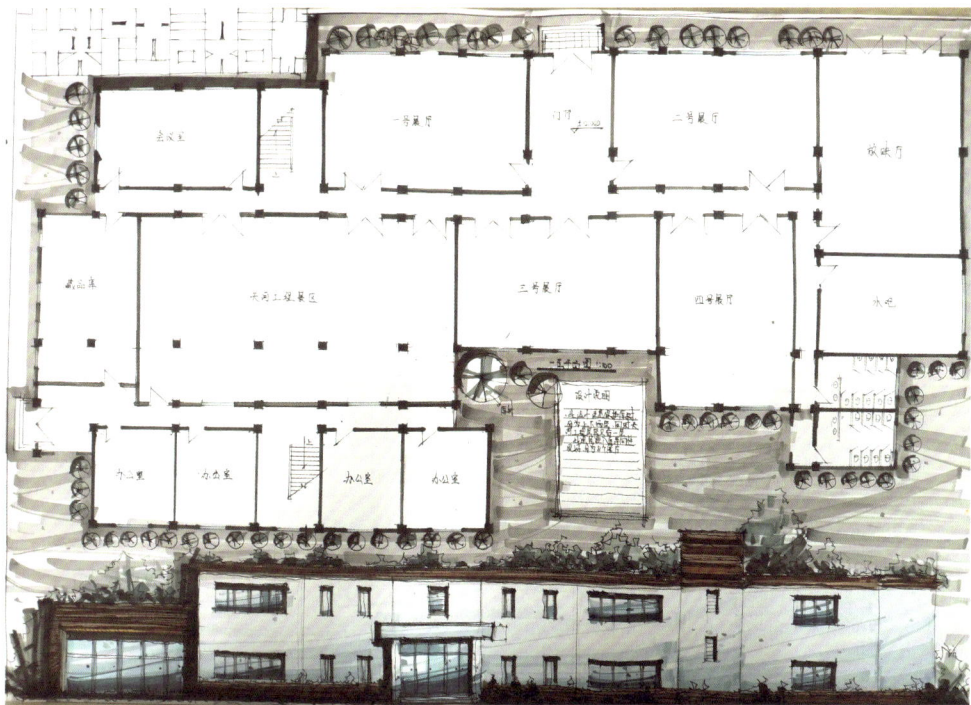

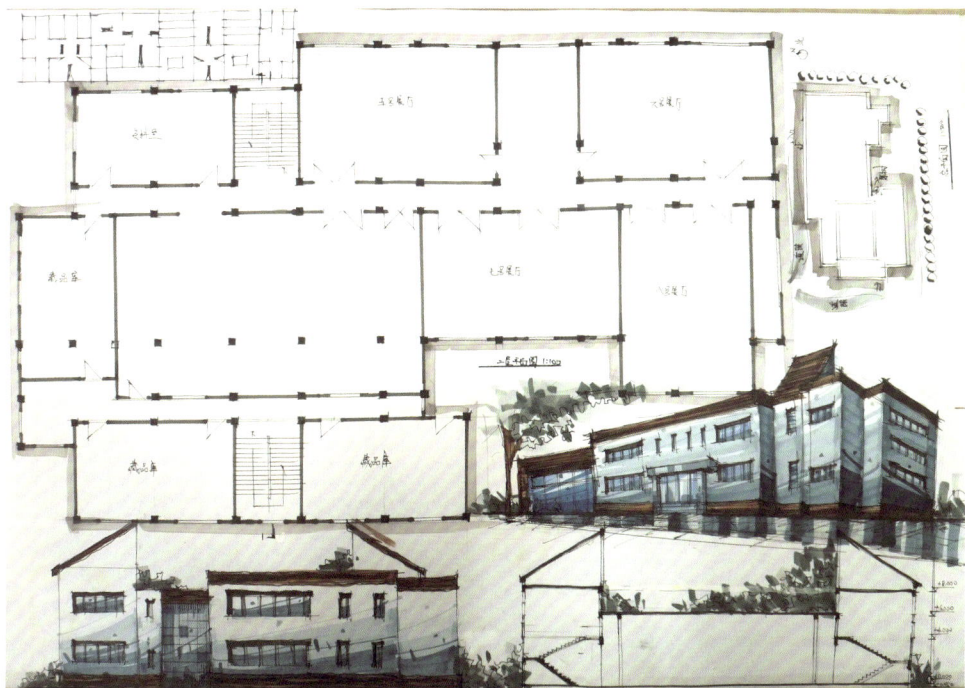

王鑫蕊绘 青海大学城规 2016 级 指导老师：李娟宜

图 9-16

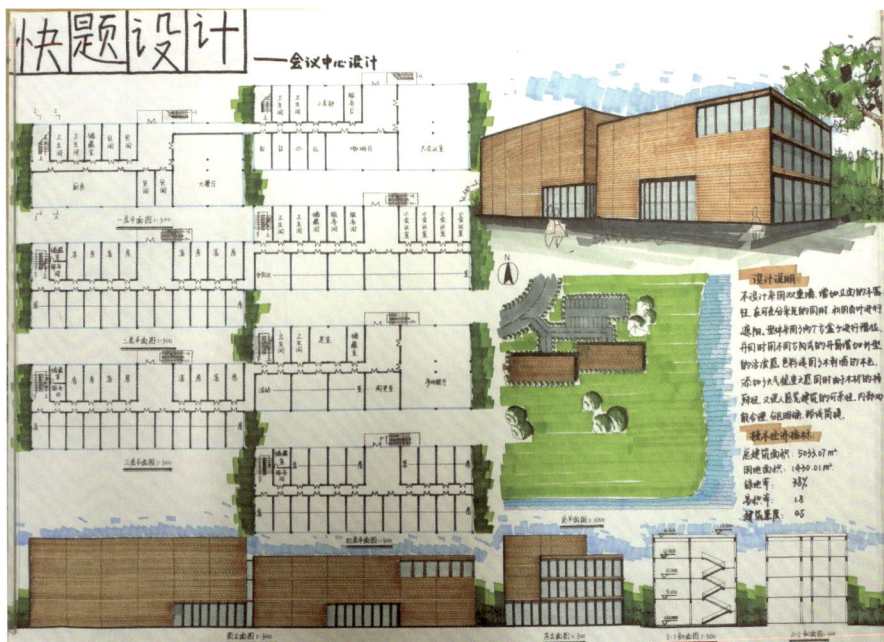

李艺群绘 青海大学城规 2019 级 指导老师：李娟宜

图 9–17

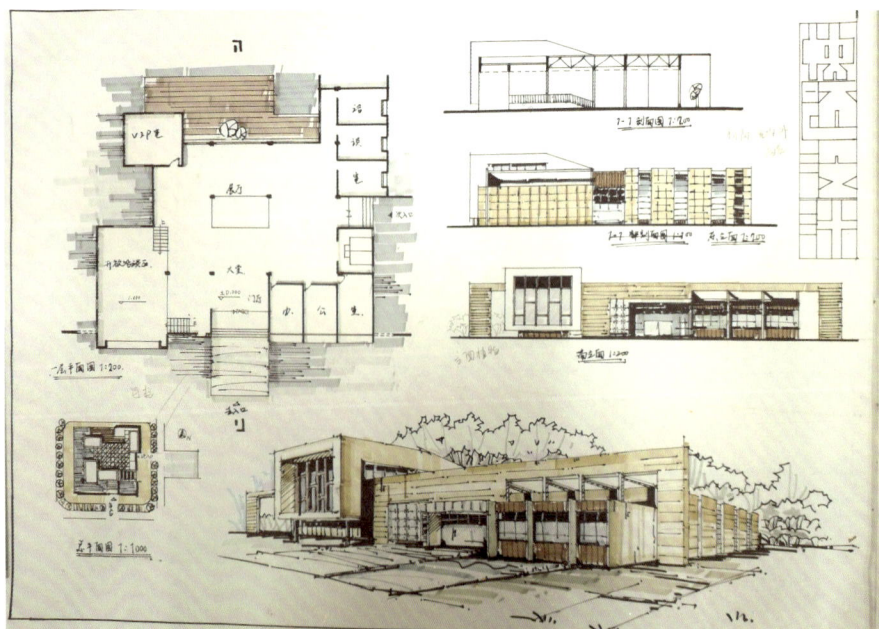

李秉承绘 青海大学城规 2018 级 指导老师：李娟宜

图 9–18

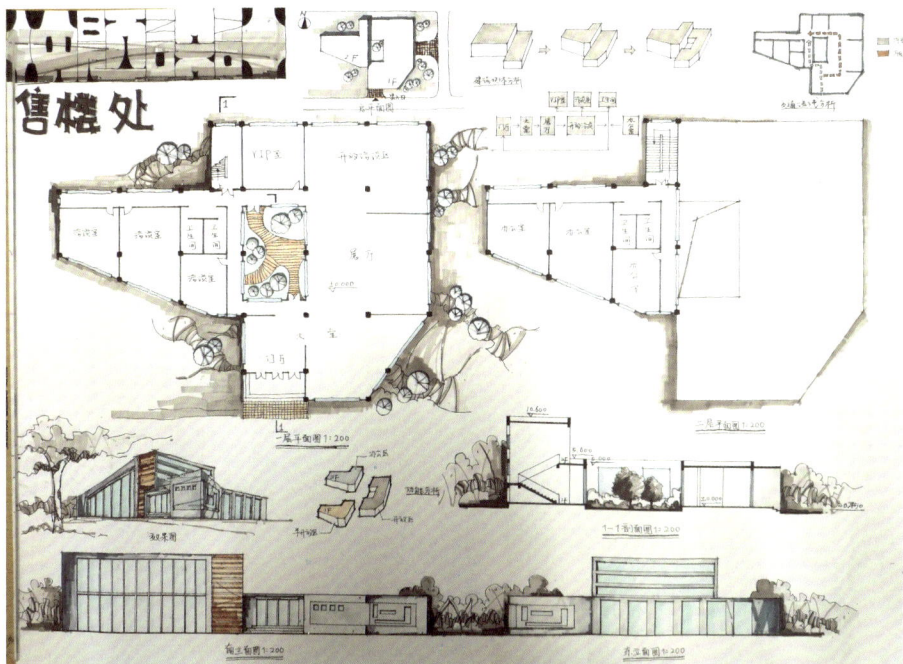

刘子琪绘 青海大学城规 2018 级 指导老师：李娟宜

图 9-19

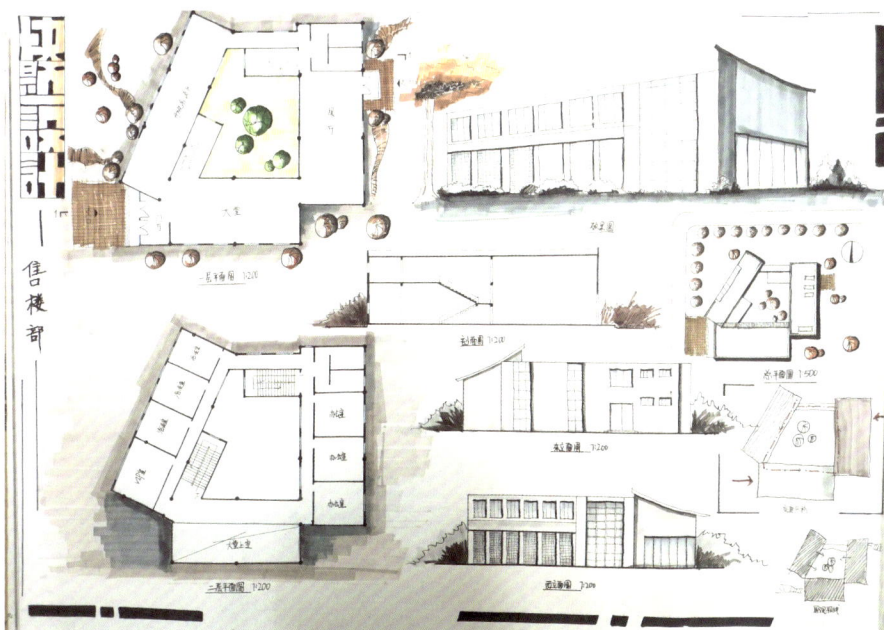

周晓琴绘 青海大学城规 2018 级 指导老师：李娟宜

图 9-20

建筑设计 校史馆设计

透视图

设计说明:
本建筑为青岛大学校史馆，为了满足使用要求，提供照明、放映厅、天河1馆及卫水吧等场所，设计试虑到景观需求各满足质量的建筑量大，通过建筑立面的凹凸设计用结合建筑的花间感，视觉感也得以体现。

总平面图1:500

经济技术指标：
总建筑面积：2250m²
周地面积：2260m²
占地面积：1125m²
绿地率：38%
容积率：1.8
建筑密度：0.5

A-A剖面图1:100

西立面图1:100

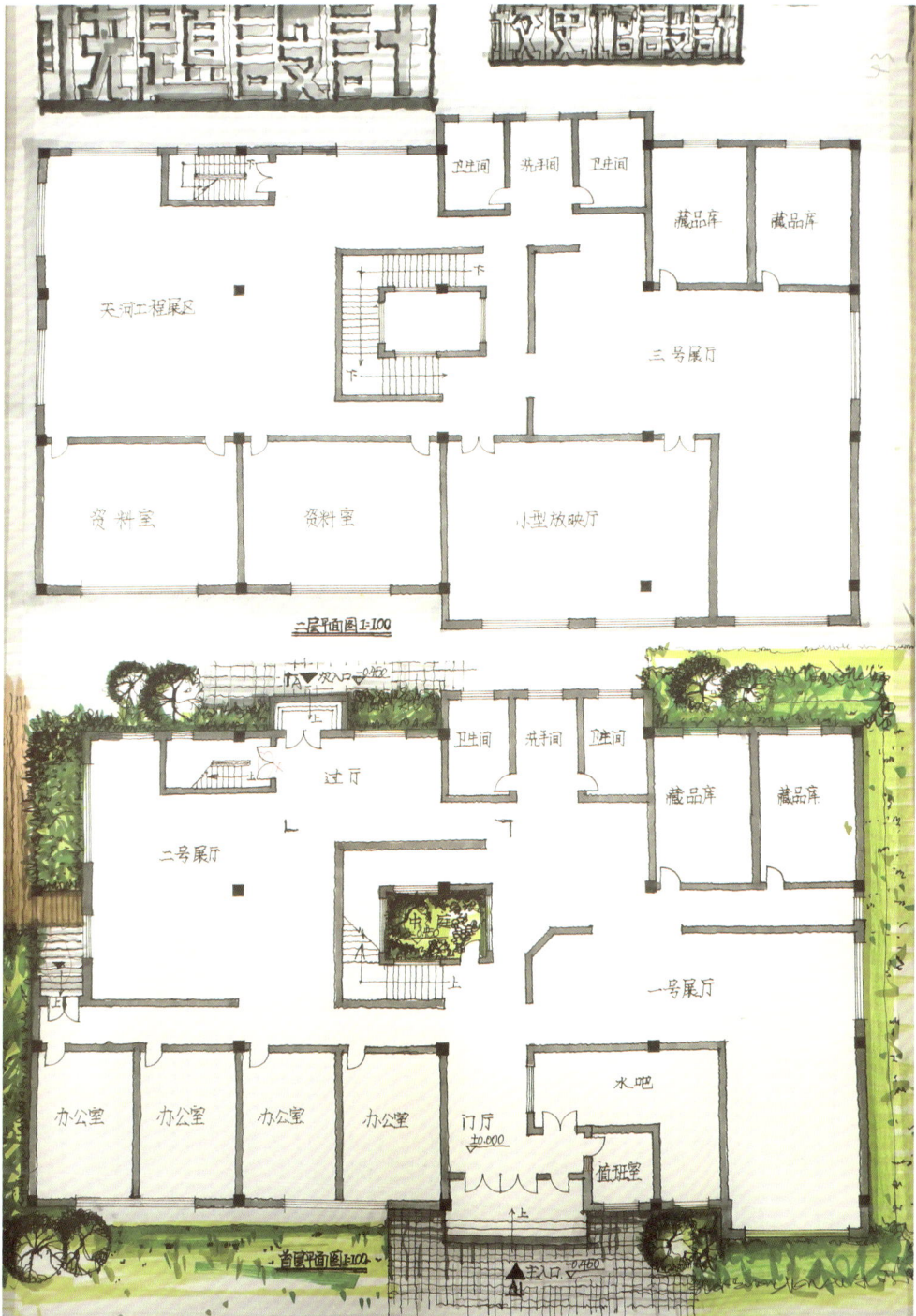

课程设计　校史馆设计

天河工程展区

卫生间　洗手间　卫生间

藏品库　藏品库

三号展厅

资料室　资料室　小型放映厅

二层平面图1:100

次入口

过厅

卫生间　洗手间　卫生间

藏品库　藏品库

二号展厅

一号展厅

水吧

办公室　办公室　办公室　办公室

门厅 ±0.000

值班室

首层平面图1:100

主入口 -0.450

赵璐绘　青海大学城规 2016 级　指导老师：李娟宜

图 9-21

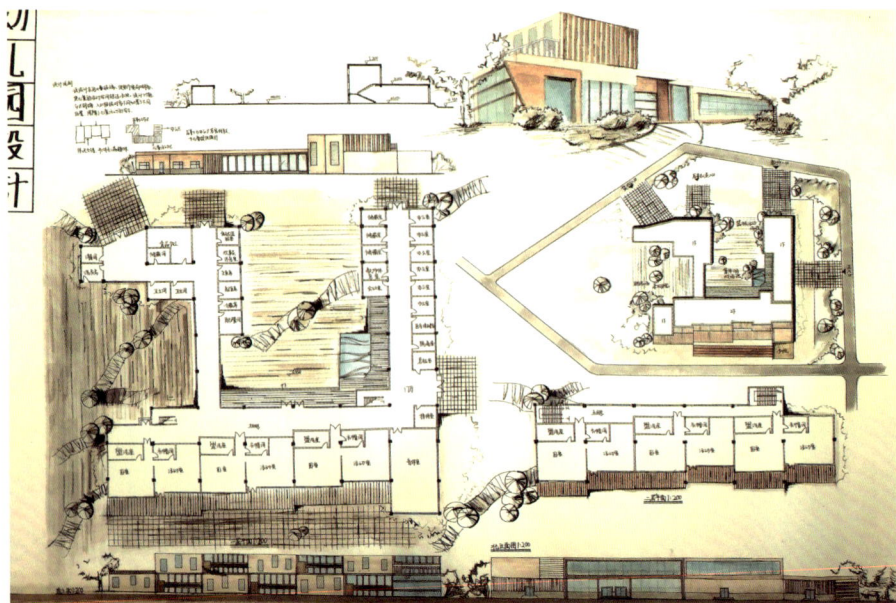

刘佳琪绘 青海大学城规 2018 级 指导老师：李娟宜

图 9-22

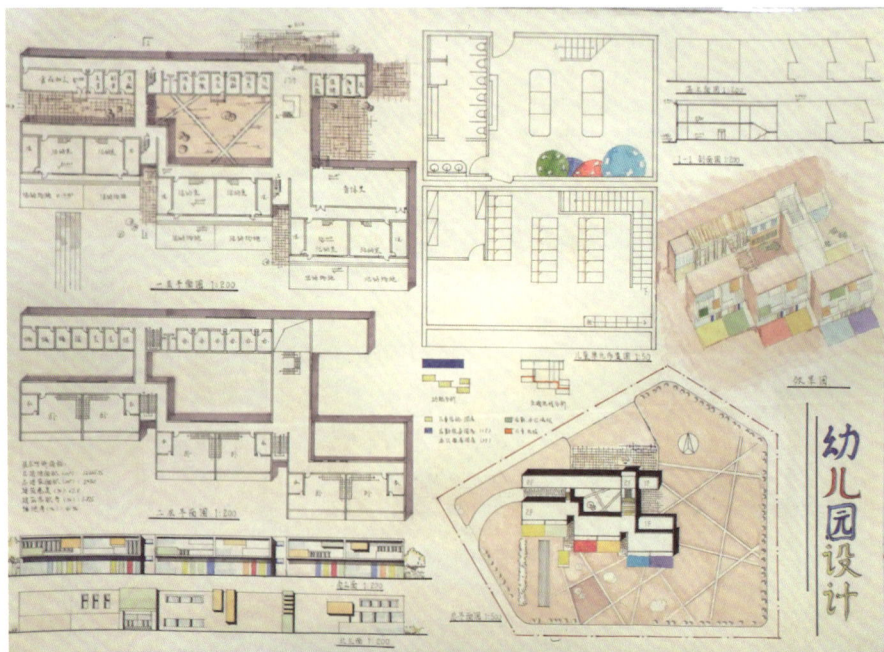

李秉承绘 青海大学城规 2018 级 指导老师：李娟宜

图 9-23

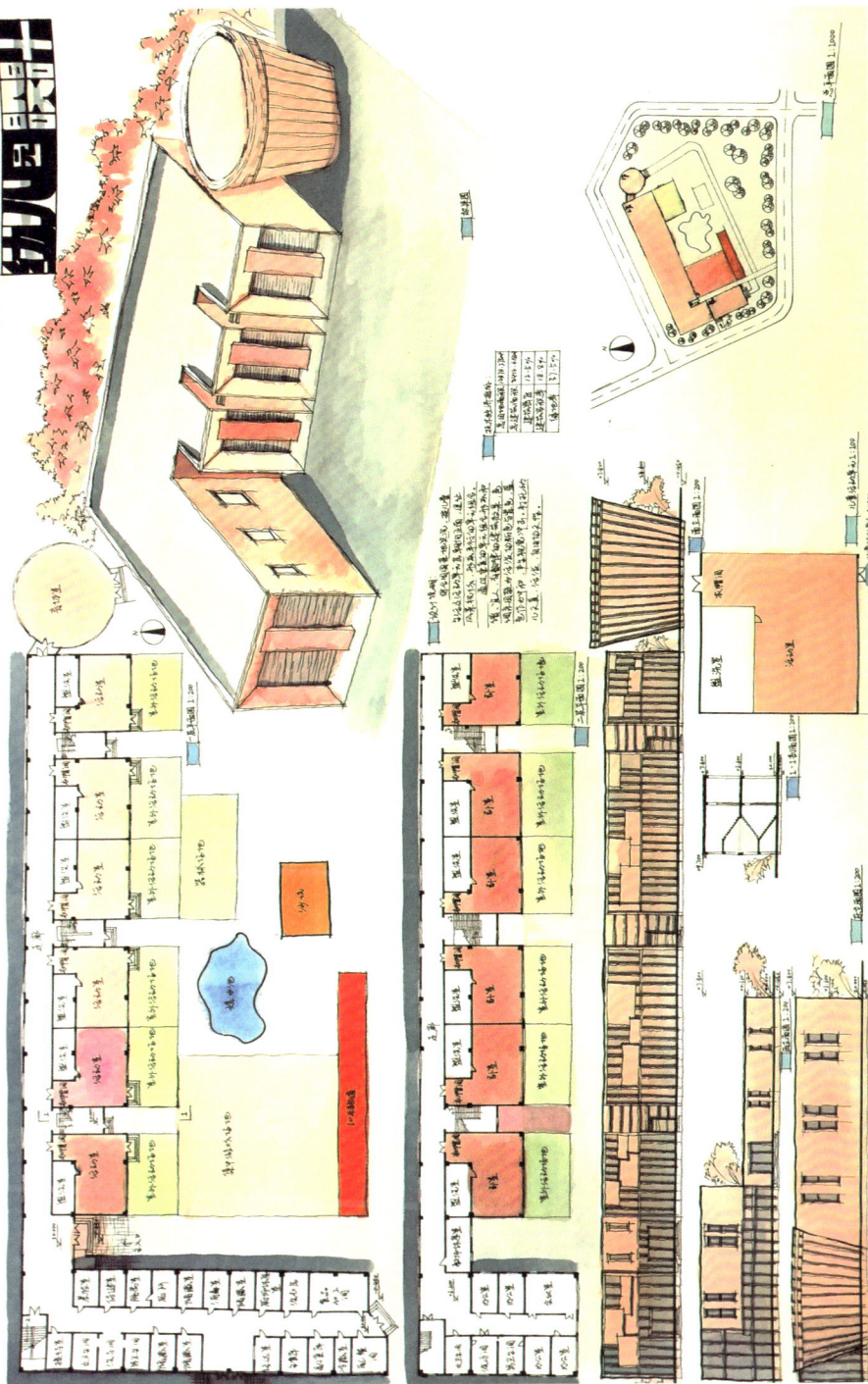

沈朝蕾绘 青海大学城规 2018 级 指导老师：李娟宜

图 9-24

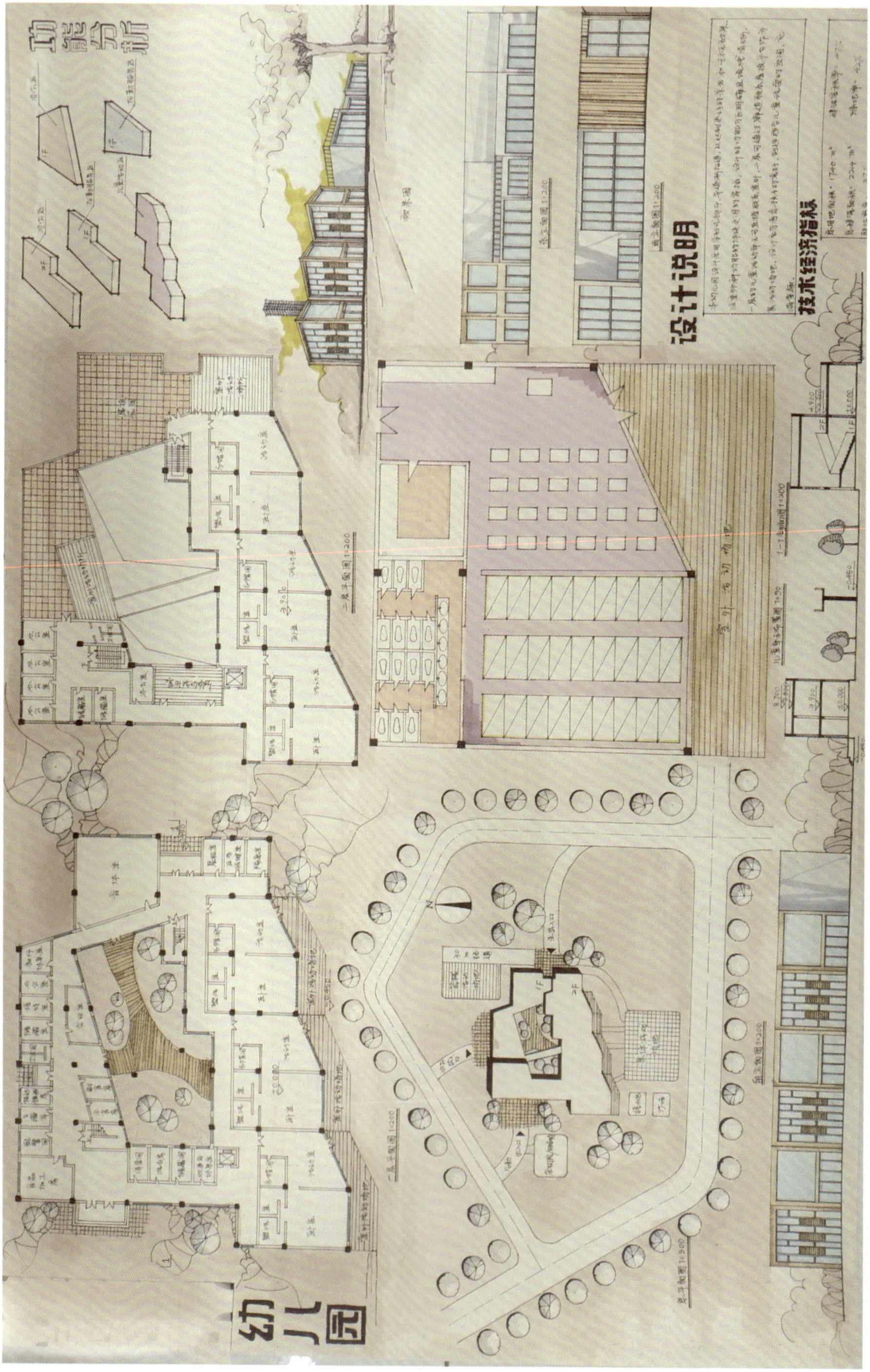

图 9-25

刘子琪绘 青海大学城规 2018 级 指导老师：李娟宜

计算机制图

随着计算机技术的快速发展，各类计算机软件应运而生，纷繁复杂。计算机制图就是通过计算机相关软件完成设计成果的表达与编制。掌握计算机制图已成为设计专业学生必备的专业技能。学习计算机制图，目的是依托计算机端运行的各类专业软件，完成规划设计必需的数据分析，图形处理，以及设计成果的表现。下面针对几种常用的计算机软件进行简单介绍。

10.1 CAD 软件介绍

CAD（Computer Aided Design）技术译为计算机辅助技术，其核心是二维图像的绘制与分析、储存与输出，是设计行业计算机制图二维图像表达的基础应用。目前，以 CAD 技术为核心的软件平台众多，如国内的浩辰 CAD、中望 CAD 等，其中使用范围最广、涉及专业领域最多的是美国欧特克（Autodesk）公司开发的 AutoCAD。

AutoCAD 的版本从问世至今持续更新，AutoCAD 爱好者通常把 AutoCAD 划分为三个版本阶段：AutoCAD 2000 —2004 为初期阶段，功能以二维图形为主，包含基本的图形处理工具；AutoCAD 2006—2008 为中期阶段，此时二维图形的处理趋于成熟，软件性能比较稳定，软件在此阶段也迅速推广，截至 2020 年仍有约 35% 的设计者在使用此阶段版本；AutoCAD 2009 至今为第三阶段，本书汇编时以 AutoCAD 2021 为最新版本，凸显的变化是绘图软件界面优化，软件稳定性提高，处理图形的速度提升，增强三维模型的制作，支持显卡性能模块加强，以及同其他软件间的协同数据传输优化，能够无损地将数据导入 ArcGIS、SketchUp 等软件中使用。

AutoCAD 面市近 40 年，在我国设计领域的应用也将近 30 年，普遍应用于城乡规划、园林工程、建筑设计、平面设计、室内设计、工业设计等多个专业。这类技术的开发与推广使用，是规划设计成果由图纸化走向数字化的开端，同时衍生出规划设计信息化管理、数据化分析、多领域协同等多个分支。熟练使用 AutoCAD 已成为各类设计专业学生的基本技能，CAD 课程逐渐成为设计类专业的必修课程。

软件学习与使用需达到以下基本要求：了解软件的下载与安装流程；熟悉基本界面的设置、文件的创建与保存；掌握软件中基本图形的绘制与修改、文字及标注的添加、图层管理、布局的使用、图形单位及比例的调整、参照的应用、虚拟打印的相关设置；了解 AutoCAD 与 Photoshop、SketchUp、ArcGIS 等相关软件之间的协同处理方式、文件的导入与输出。

10.2　湘源规划系列软件

湘源规划系列软件是长沙市规划勘测设计研究院基于 CAD 软件平台二次开发的命令插件集合，从研发推行至今近 20 年，深受使用者青睐。目前，规划行业使用较多的是湘源控制性详细规划 CAD 系统和湘源修建性详细规划 CAD 系统。

10.2.1　湘源控制性详细规划 CAD 系统 7.0 版

软件由数名从业多年的规划师联手编程开发，操作流程符合规划专业实际应用的基本习惯，同时附带规划设计、建筑设计、消防、园林设计等专业的国家规范及设计标准，能够进行规划信息管理与分析，在提高规划成果编制效率的同时，校核规划数据的准确性。

熟悉并掌握软件的基本功能，能够辅助生成坡度分析图、坡向分析图、用地适建评价定等分析图、三维地形图、道路平面图、道路横断面图、用地规划平面图、经济技术指标、公园绿地图、管线综合布置平面图、土方计算图、自动生成图则。

湘源控制性详细规划 CAD 系统 7.0 版的几大功能模块如下：

1）地形模块

地形模块根据测绘信息导入的现状标高数据，计算场地任意点标高，并生成地表剖面图，可以进行坡度、高程、坡向等分析，同时自动生成三维地形模型。

2）道路模块

道路模块只需输入道路基本信息，软件就能自动生成道路，并提供道路交叉口处理、自动标注路口坐标、自动标注道路宽度、自动标注路口半径等快捷命令。通过输入路口的标高，快速生成道路坡度、坡长等数据，并根据输入的道路信息生成道路横断面图。

3）用地模块

用地模块根据用地规划图及缺省指标体系，自动生成控制指标图。只需对各控制指标稍做修改即可正式出图。

提供方便的计算面积功能，可快速地对指标进行修改、统计。最后能生成指标总表、用地平衡表、中小学总表、园林绿地总表等各种统计表格。

4）指标模块

指标模块包含各类指标信息的输入、修改、检查、数据表生成等功能。

5）总图模块

总图模块主要用于总图建筑布局，包含建筑信息嵌套与修改功能，能够模拟绝大部分常规建筑，包括建筑面积、层数、基本形式等信息，但不能模拟异形建筑。同时具有自动计算建筑面积、基地面积、车位数、造价等指标的功能，能自动统计技术经济指标表，自动生成建筑情况一览表，并具备日照分析功能。

6）绿化模块

绿化模块提供了绿地、树木、树丛、水体等三维自定义模型对象，能够自动计算绿地和水体面积，可以生成苗木表并提供造价估算。

7）管线模块

管线模块采用三维空间管线对象，支持自动计算、修改、标注等，同时支持管线碰撞检测。

8）土方模块

土方模块根据地形图数据采集土方现状标高；根据规划设计标高采集土方设计标高；能计算填挖面积、填挖量，求零线位置；提供编号生成；统计总土方填挖面积、填挖量等；支持挡土墙、陡坡等；支持精细计算等。

9）渲染模块

渲染模块支持三维模型的轴测视图、动态观察及场景动画制作。

10）竖向模块

竖向模块包含场地标高标注、标高计算、坡度及排水方向标注等功能。

11）数据模块

数据模块包含图纸加密、GIS 数据的输出与导入功能。

12）图则模块

图则模块提供快捷的布图功能，能快速地制作图则。同时，彻底实现大图与图则联动，大图图纸修改，图则自动跟着修改。图则可以任意调整比例和位置等。

13）图库模块

图库模块包含图签、图框、图例、风玫瑰图、指北针、出入口等常用图块的图库管理系统，能够快速地应用到规划平面图及分析图中。

14）标注模块

标注模块包含各处坐标、标高、宽度、弧度等标注工具的集合。

15）图像模块

图像模块包含图像的插入与导出、裁剪、校正、格式转换等功能。

16）表格模块

表格模块包含表格的插入与管理，同时支持 Word 读入接口。

17）工具模块

工具模块包含基本绘图设置，以及根据绘图习惯开发的各种快捷命令集合。

10.2.2　湘源修建性详细规划 CAD 系统 3.0 版

"湘源修规"是基于 AutoCAD 平台开发、便于规划设计专业使用的一款软件，于 2017 年 6 月更新至湘源修建性详细规划 CAD 系统 3.0 版。

该软件有助于进行修建性规划设计、修建性总平面设计、专项分析图绘制及景观绿化设计等。软件内还包含日照分析、土方计算、高程分析、坡度分析、坡向分析等功能。软件使用对象主要是规划设计单位、规划管理单位、房地产开发公司等。

10.3　Photoshop 软件

Adobe Photoshop（PS）是一款比较成熟的图像处理软件，应用于需要图像处理的各个专业领域，如平面设计、广告摄影、影像创意、网页制作、后期修饰、视觉创意、界面设计等。目前，Adobe 公司推出的 Photoshop 最新版本为 Photoshop 2020。

PS 的基本功能包含图像编辑、图像合成、校色调色、特殊效果等部分。图像编辑是图像处理的基础，可以对图像进行自由变换，也可进行复制、去除斑点、修补、自动识别填充等。图像合成是将几幅图像通过基本编辑，然后利用图层次序关系拼接合成一张完整的图像。校色调色可对图像的整体颜色进行亮度、对比度、色阶、色相、饱和度等调整和校正，满足需要表现的图像效果。特殊效果在该软件中主要由滤镜下的各类工具与基础工具结合完成，包括特效创意图像和特效字的制作，如浮雕、油画、素描、像素化等常用的传统美术技巧都可借助该软件一键生成。

规划专业学生可利用 Photoshop 软件完成规划成果中的总平面图、分析图、节点效果图、鸟瞰图等的图册排版。

10.4 GIS 软件

地理信息系统（Geographic Information System，GIS）是一门综合性学科，也可理解为一个空间信息系统，是指对整个或部分地球表层（包括大气层）空间中的有关地理分布数据进行采集、储存、管理、运算、分析、显示和描述的技术系统。地理信息系统结合地理学与地图学以及遥感和计算机科学，已广泛应用于不同领域。GIS 是一种基于计算机的工具，它可以对空间信息进行分析和处理。

规划行业常用 GIS 技术进行城市、区域、资源、环境、交通、人口、住房、土地、基础设施的系列分析，从而进行土地规划和规划总平面布局。

10.5　天正系列软件

天正软件系列是基于 AutoCAD 平台的二次开发软件，包括天正建筑、天正结构、天正给排水、天正暖通、天正电气、天正节能、天正日照分析、天正市政道路、天正市政管线、天正市政交通、天正土方计算、天正园林规划、天正装修、天正工程造价管理系统、天正协同设计（TPM）等，开发初衷是面向建筑设计行业，软件整体操作步骤和操作思路都符合建筑设计逻辑和建筑设计流程。

天正建筑在系列软件中处于龙头位置，由于其功能的全面性和操作的便捷性，天正建筑已渗入各行各业的 CAD 使用人群当中。规划设计中常用的天正建筑软件模块为标注模块、图层控制模块、图库模块、场地布置模块、文件布图模块等，能够便捷地对图纸进行管理与注释，极大地提高了图纸的出图效率。

10.6　三维建模软件

三维建模软件种类极多，广泛应用于规划设计、建筑设计、景观设计、动画设计、游戏开发等领域，比较常用的几款建模软件为 3DS MAX、Rhino、CINEMA 4D、Revit、SketchUp 等。由于规划设计对三维模型的要求简单，着重对场景的设计推敲，所以 SketchUp 凭借上手速度快、操作步骤简单和所见即所得的建模方式等优势，博得国内规划设计领域广大使用人群的青睐。

SketchUp 于 2006 年 3 月 14 日由 Google 公司收购并继续开发更新，到目前为止更新到 SketchUp 2020。

SketchUp 建模以点、线、面为基本元素，通过创建线组合成面、面围合成体的拼接式建模，组成所需的三维模型。SketchUp 建模速度快，可视化设计能清晰地表达方案构思。同时支持文件与 AutoCAD、Lumion、Rhino、3ds Max 等软件之间的输入与输出，方便模型的后期渲染。

10.7　CorelDRAW 软件

CorelDRAW 是加拿大 Corel 公司的平面设计软件。它是一套图形、图像编辑软件，包含两个绘图程序：一是用于矢量图制作和页面设计；二是用于图像编辑。CorelDRAW 拥有强大的交互式工具，包括矢量动画、页面设计、网站制作、位图编辑和网页动画等多种功能。使用者在制作过程中能感受到直观的动态效果。

规划行业一般使用 CorelDRAW 软件进行彩页制作、手册制作、标识创作、文字排版和图册排版等。

10.8 全能地图下载器

  全能电子地图下载器是一个专门下载地图瓦片数据的工具，包含从谷歌地图、高德地图、百度地图、腾讯地图、雅虎地图、必应地图、诺基亚地图、天地图等网络地图中下载瓦片地图。软件同时具备了瓦片数据拼贴功能，能够拼合成一张完整清晰的卫星图像，是规划设计中常用的底图获取软件。

参考文献

［1］宫晓滨.园林风景钢笔画［M］.北京：中国文联出版社，2002.

［2］何斌，陈锦昌，王枫红.建筑制图［M］.6版.北京：高等教育出版社，2010.

［3］贾新新，唐英.景观设计手绘技法：从入门到精通［M］.北京：人民邮电出版社，2016.

［4］蒋啸镝."地平线"小议［J］.湖南师大社会科学学报，1988（1）：71-72.

［5］李延龄.建筑设计原理［M］.北京：中国建筑工业出版社，2011.

［6］刘磊.园林设计初步［M］.2版.重庆：重庆大学出版社，2018.

［7］诺曼·K.布思.风景园林设计要素［M］.曹礼昆，曹德鲲，译.修订本.北京：中国林业出版社，2018.

［8］欧内斯特·诺灵.透视如此简单——20步掌握透视基本原理［M］.路雅琴，张鹏宇，译.上海：上海人民美术出版社，2015.

［9］彭一刚.建筑绘画及表现图［M］.2版.北京：中国建筑工业出版社，1999.

［10］彭一刚.中国古典园林分析［M］.北京：中国建筑工业出版社，1986.

［11］沈葆菊，李昊，周志菲.析理以辞，解体用图——城市规划专业结构思维与结构图示的教学思考［C］//全国高等学校城市规

划专业指导委员会，武汉大学城市设计学院．人文规划　创意转型——2012 全国高等学校城市规划专业指导委员会年会论文集．北京：中国建筑工业出版社，2012.

［12］石宏义．园林设计初步［M］.北京：中国林业出版社，2006.

［13］唐学山，等．园林设计［M］.北京：中国林业出版社，1997.

［14］田学哲．建筑初步［M］.北京：中国建筑工业出版社，1982.

［15］向慧芳．园林景观设计手绘表现技法［M］.北京：清华大学出版社，2016.

［16］许松照．画法几何与阴影透视：下册［M］.3 版．北京：中国建筑工业出版社，2006.

后　记

　　1999 年青海大学土木工程学院城市规划专业首届招生以来，已为西部地区尤其是青海省培养了大批规划人才。2015 年，城乡规划专业实现五年制招生，是青海大学除医学专业以外唯一一个五年制培养的专业。然而，由于城规专业的生源多数不具备美术基础，学生在表达自己的设计意图时受到限制，也使得本来是作为工具使用的绘画表现技能成为专业学习的难点。2011 年，规划与建筑教研室开设了"设计基础"课程，旨在用最易懂的方式，讲授城乡规划的表现技法。本书中选取的案例力求线条简洁、透视明确、明暗对比一目了然，做到易识别、易掌握，以帮助没有美术基础的学生攻克设计表现的难关，将更多的精力用于专业思想的学习和专业思维的培养。

　　在此书编写过程中，凌盼、赵璐、张聪聪、梁春天、任贺贺等同学付出了辛勤劳动，邓俊发设计师编写整理了第 10 章内容，李成英老师给予了热情的帮助，北京百绘创景景观设计事务所提供了大量手绘作品，在此一并表示衷心的感谢！

　　由于作者水平和时间有限，不足之处，欢迎广大读者批评指正。

编写组

2020 年 6 月